张天栋 ／著

聚合物电容薄膜及其应用

化学工业出版社
·北京·

内 容 简 介

本书系统阐述了典型聚合物电容薄膜的国内外研究现状与发展趋势，重点介绍了电容薄膜的制备方法、表征技术、改性研究和应用。全书共分5章，主要包含电介质储能概述、电容薄膜制备与表征方法、室温聚合物薄膜、耐高温聚合物薄膜、聚合物电容薄膜应用等内容。

本书内容精练，脉络清晰，理论与应用并重，可作为聚合物电容薄膜乃至有机绝缘材料等领域科研人员的参考书。另外，也可作为高等院校材料科学与工程、电气工程等交叉学科专业学生的学习参考用书。

图书在版编目（CIP）数据

聚合物电容薄膜及其应用 / 张天栋著. -- 北京：化学工业出版社，2025. 9. -- ISBN 978-7-122-49129-9

Ⅰ. TM531

中国国家版本馆 CIP 数据核字第 2025EZ6599 号

责任编辑：万忻欣　　文字编辑：王　硕
责任校对：王　静　　装帧设计：张　辉

出版发行：化学工业出版社
（北京市东城区青年湖南街13号　邮政编码100011）
印　　装：北京科印技术咨询服务有限公司数码印刷分部
850mm×1168mm　1/32　印张 5¼　字数 146 千字
2025年10月北京第1版第1次印刷

购书咨询：010-64518888　　售后服务：010-64518899
网　　址：http://www.cip.com.cn
凡购买本书，如有缺损质量问题，本社销售中心负责调换。

定　　价：79.80元

前　言

近年来，随着我国新能源汽车、高压输电工程、电磁弹射等领域的快速发展，聚合物薄膜电容器及其关键材料引起了广泛关注与研究。聚合物电容薄膜作为电容器中最重要的介电材料，其性能直接决定了电容器的使役特性。

当前，聚合物电容薄膜仍然面临着相对介电常数与击穿场强难以协同调控、高温条件下薄膜的极化损耗和电导损耗骤增等瓶颈问题。基于此，本书系统总结与梳理了近年来有关聚合物电容薄膜及电容器的研究进展，分析了薄膜制备和储能测试方法的优缺点，介绍了代表性的精细结构表征技术；重点论述了聚合物薄膜室温储能性能的提升方法与机理，围绕分子改性、掺杂工程和多层设计等方面探讨聚合物薄膜的高温储能研究现状。

此外，本书着重分析了薄膜电容器的制备、性能评价指标和监测方法，为弥合实验室基础研究与电容器工业需求之间的差距提供借鉴。

最后，本书提出了聚合物薄膜电容器及关键材料面临的挑战和未来的发展方向。

课题组博士研究生孙海、张新乐、尹田缘、牛晟堃、吴迪等在资料整理、图片制作等方面做了大量工作，在此一并感谢。

特别说明的是，本书为黑白印刷，读者可扫描下方二维码查看彩色图片。

由于笔者水平与时间所限，书中不足之处在所难免，敬请广大读者批评指正。

著者

全书图片

目录

·第1章·
电介质储能概述

1.1 电介质物理基础

凡在外场（电场、外力、加热、光照等）作用下产生宏观上不等于零的电偶极矩，因而形成表面束缚电荷的现象，称为电极化，能产生电极化现象的物质称为电介质。本书的描述对象——聚合物电容薄膜❶就是一类典型的电介质[1-20]。

电介质的分子由原子或离子组成，而每个原子或离子由带正电的原子核和绕原子核运动的核外电子所组成，因此电介质的分子是由正负电荷组成的系统。根据这些电荷在分子中的分布特点，将电介质分为非极性电介质、极性电介质和离子型电介质，如图 1-1 所示。

非极性分子：在无外电场作用时，分子的正负电荷中心相重合，故分子的电偶极矩等于零，这种分子称为非极性分子。由非极性分子组成的电介质称为非极性电介质。属于这一类电介质的分子一般具有对称的化学结构，例如：单原子分子，相同原子组成的双

---

❶ 电容薄膜也称作电容器薄膜、电介质薄膜、介电薄膜。

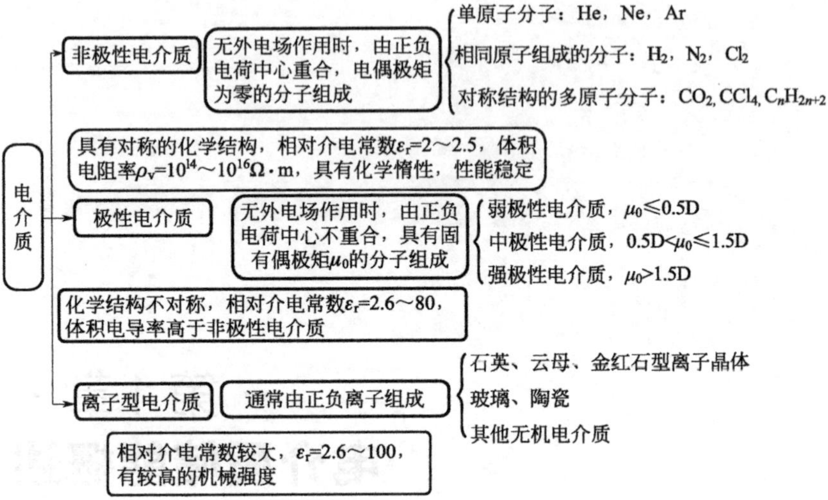

图 1-1　电介质的分类与主要特点

原子分子，对称结构的多原子分子等。由于非极性电介质的上述结构特点，所以它的相对介电常数一般不大（$\varepsilon_r=2\sim2.5$），体积电阻率很高（$\rho_v=10^{14}\sim10^{16}\ \Omega\cdot m$），具有化学惰性，性能稳定。

极性分子：在无外电场作用时，分子的正负电荷中心不重合，即分子具有偶极矩（称为分子的固有偶极矩），这种分子称为偶极分子或极性分子。由极性分子组成的电介质称为极性电介质。根据分子固有偶极矩 μ_0 的大小，极性电介质一般分为弱极性电介质、中极性电介质和强极性电介质。极性电介质的相对介电常数比非极性电介质的高（$\varepsilon_r=2.6\sim80$）。但通常情况下其体积电阻率比非极性电介质的要低一些。

离子型电介质通常由正负离子组成，属于这一类的有离子型晶体介质（如石英、云母，和金红石型离子晶体、玻璃、陶瓷）以及其他一些无机电介质。这类电介质的相对介电常数较大，常用作嵌入式电容器或多层陶瓷电容器的介电材料。

1.1.1　电介质的极化机理

电极化是电介质基本电学行为之一。在讨论极化之前，需要明确一些基本概念：电偶极子是指等量正、负电荷不对称分布而形成电偶极矩的分子，若正、负电荷中心的距离为 l，矢径 $\boldsymbol{l}$ 的方向规定为负电荷指向正电荷，则电荷 q 与 $\boldsymbol{l}$ 的乘积定义为电偶极矩。电偶极矩是一矢量，用 $\boldsymbol{\mu}$ 表示，

$$\boldsymbol{\mu}=q\boldsymbol{l} \tag{1-1}$$

电偶极矩是表征电偶极子性质的物理量，在 SI 单位制中的单位是 C·m。在分子物理学中，常用 D（德拜）作为单位，1D＝3.33×10^{-30} C·m。

电介质的极化是指在外电场作用下，电介质内部的电荷受电场（E）作用局部移动在宏观上显示出电性的现象。电介质的极化可分为电子位移极化、离子位移极化、偶极子取向极化和界面极化四类[11,12]。电介质的四种基本极化行为如图 1-2 所示。

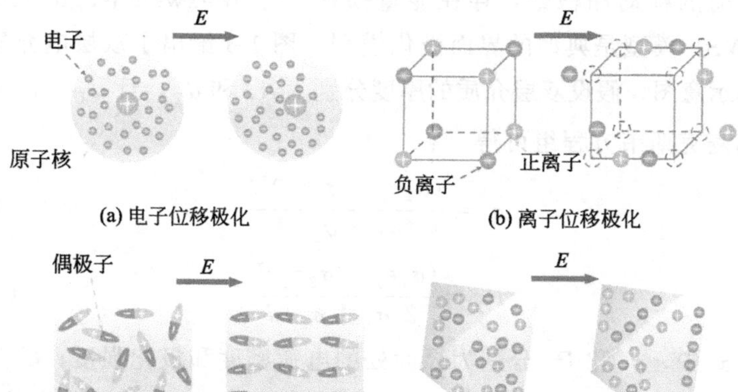

(a) 电子位移极化 (b) 离子位移极化
(c) 偶极子取向极化 (d) 界面极化

图 1-2 电介质的主要极化形式

① 电子位移极化是指由于介质原子中的电子运动轨道在外电场的作用下变形而出现感应偶极矩。其极化时间极短（10^{-15}～10^{-14} s），是一种弹性位移极化，极化过程中不产生能量损耗。

② 离子位移极化是指在外电场的作用下，正、负离子相对位移，平均偶极矩不再为 0。其主要发生在离子型介质内，极化时间

很短（约 10^{-13} s），是一种弹性位移极化，极化过程中产生极小的能量损耗。

③ 偶极子取向极化是指在外电场的作用下，偶极子受电场力的作用发生转向，并沿电场方向定向排列，介质的偶极矩不再为零，对外呈现极性。偶极子取向极化主要存在于极性电介质中，极化时间较长（$10^{-10}\sim10^{-12}$ s），是一种非弹性极化，偶极子转向时要克服分子间的吸引力和摩擦力而产生能量损耗。

上述三种极化行为都是由电介质中自由电荷的位移或转向形成的，而界面极化则是由电介质中自由离子的移动产生的。

④ 界面极化是指材料之间的电导率和介电常数差异，使界面处积累空间电荷，引起局部电场发生变化并产生感应偶极矩，主要存在于多层或不均匀电介质中，极化过程缓慢，而且极化过程中涉及电荷的移动和积聚，存在能量损耗[13]。Maxwell-Wagner-Sillar（MWS）模型是典型的界面极化模型。图 1-3 给出了双层电介质的结构示意图，假设双层介质的厚度分别为 d_1 和 d_2，且 $d_1=d_2=d$，根据麦克斯韦方程组可得[7]：

$$\sigma_f=\frac{(\sigma_1\varepsilon_2-\sigma_2\varepsilon_1)U}{(\sigma_1+\sigma_2)d} \tag{1-2}$$

$$P_f=\frac{(\sigma_1\varepsilon_2-\sigma_2\varepsilon_1)U}{2(\sigma_1+\sigma_2)d} \tag{1-3}$$

式中，σ_f 和 P_f 分别为界面处的电荷密度和极化强度；U 为外加电压；σ_1 和 σ_2 分别为上、下层的电导率；ε_1 和 ε_2 分别为上、下层的介电常数。当 $\sigma_1\varepsilon_2-\sigma_2\varepsilon_1=0$ 时，界面处无电荷积累，界面极化强度为 0；当 $\sigma_1\varepsilon_2-\sigma_2\varepsilon_1\neq0$ 时，界面电荷密度和极化强度随着 $|\sigma_1\varepsilon_2-\sigma_2\varepsilon_1|$ 值的增加而增大。但 MWS 界面极化模型相对简单，只考虑了线性极化电介质。对于非线性极化电介质而言，施加电场强度的变化会导致电导率、相对介电常数不断变化，情况较为复杂。非线性电介质的界面极化模型仍需进一步研究。

极化强度：电介质的极化程度是用单位体积电介质内沿电场方向的电偶极矩总和，即所谓的极化强度矢量来度量的，即

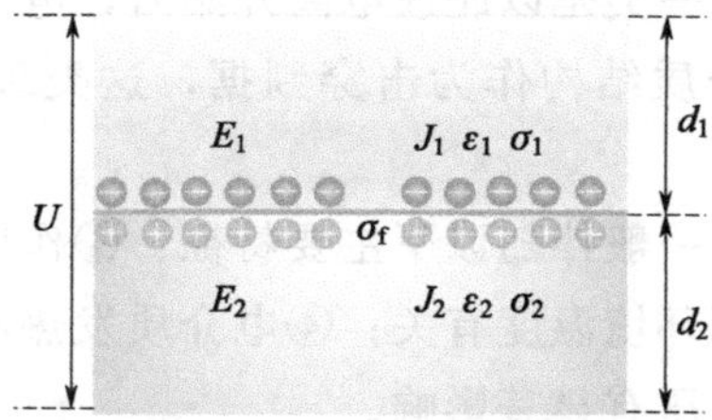

图 1-3　双层电介质模型

E_1、E_2—上、下层的电场强度；J_1、J_2—上、下层的电流密度

$$\boldsymbol{P}=\boldsymbol{M}/V \tag{1-4}$$

式中，$\boldsymbol{M}$ 为体积元内沿电场方向的感应偶极矩之和，$\boldsymbol{M}=\sum_i \boldsymbol{\mu}_i$；$V$ 为样品的体积，所以 $\boldsymbol{P}$ 是一个宏观物理量，其大小与外加电场有关，单位为 C/m^2。

1.1.2 电介质的击穿机理

固体电介质的击穿机制主要为电击穿、热击穿和不均匀介质局部放电引起击穿等形式[14-16]。

(1) 电击穿

电击穿是仅电场作用直接使介质破坏，并丧失绝缘性能的现象。电击穿理论建立在固体电介质中发生碰撞电离基础上，固体电介质电击穿的碰撞理论可简述如下：在强电场下固体导带中可能因场致发射或热发射而存在一些导电电子，这些电子在外电场作用下被加速获得动能，同时在其运动中又与晶格相互作用而激发晶格振动，把电场的能量传递给晶格，当这两个过程在一定的温度和场强下平衡时，固体介质有稳定的电导；当电子从电场中得到的能量大于损失给晶格振动的能量时，电子的动能就越来越大，电子能量大到一定值后，电子与晶格振动的相互作用便导致电离产生新电子，自由电子数迅速增加，电导进入不稳定阶段，击穿开始发生。按照击穿发生的判定条件不同，电击穿理论又可被分为两类：一类是以碰撞电离开始作为击穿判据，这类理论称为碰撞电离理论，或称本征电击穿理论；另一类是以碰撞电离开始后，电子数倍增到一定数值，足以破坏电介质结构作为击穿判据，这类理论称为雪崩击穿理论。

电击穿的发生一般伴随以下主要特征：①作用时间短；②击穿电压高；③与周围环境温度有关；④电介质发热不显著；⑤电场的均匀程度对击穿电压有显著影响。

(2) 热击穿

热击穿是由固体电介质内热量不稳定造成的。绝缘介质在电场作用下，会因电导电流和介质极化引起介质损耗，使介质发热，同时也向周围散热。介质电导率随温度的升高而急剧增大，因此介质的发热量随温度的升高而增加。如果外加电压较低，单位时间内的发热量等于散热量，温度不再升高。如果外加电压高于某一临界值，单位时间内的发热量始终大于散热量，介质的温度将不断升高，直至介质发生局部分解、熔化、烧焦等，最终丧失绝缘能力。这种由热状态引起的击穿称为热击穿。电介质的热击穿不仅与材料的性能有关，还在很大程度上与绝缘结构及电压种类、环境温度等有关，因此热击穿强度不能看作电介质材料的本征特性参数。

(3) 不均匀电介质击穿

不均匀电介质击穿是指包括固体、液体或气体组合构成的绝缘结构中的一种击穿形式。与单一均匀材料的击穿不同，不均匀电介质击穿往往是从耐电强度低的气体中开始，表现为局部放电，然后或快或慢地随时间发展至固体介质劣化损伤逐步扩大，致使介质击穿。在含有气体（如气隙或气泡）或液体（如油膜）的固体电介质中，当击穿强度较低的气体或液体中的局部电场强度达到其击穿场强时，这部分气体或液体开始放电，使电介质发生不贯穿电极的局部击穿，这就是局部放电现象。这种放电不立即形成贯穿性通道，但长期的局部放电使电介质（特别是有机电介质）的劣化损伤逐步扩大，导致整个电介质击穿。局部放电造成电介质劣化损伤的机理主要有以下三个方面：

① 电的作用——带电粒子对电介质表面的直接轰击作用，导

致有机电介质的分子主链断裂；

② 热的作用——带电粒子的轰击作用引起电介质局部的温度上升，发生热熔解或热降解；

③ 化学作用——局部放电产生的受激分子或二次生成物的作用，使电介质受到的侵蚀可能比电、热作用的危害更大。局部放电是电介质应用中的一种强场效应，它在电介质介电现象和电气绝缘领域均具有重要意义。

(4) 电-机械击穿

电-机械击穿是弹性模量小、容易发生机械变形的聚合物固体电介质中可能出现的一种击穿。当电压作用于电介质时，正、负电极间的静电吸引力表现为对电极间电介质的挤压力。如果电介质的弹性模量很大，挤压力的作用不会导致介质明显变形，则可以忽略不计。但当电介质的弹性模量很小时，压缩变形就可能很大，使介质厚度明显减薄，若电压不变，电场强度增大，挤压作用更强，电介质最后同时丧失机械强度和电气强度而击穿。

电介质的击穿场强常用双参数威布尔分布分析，其表达式如下[5]：

$$P(E)=1-\exp\left[-\left(\frac{E_i}{E_0}\right)^{\beta}\right] \tag{1-5}$$

式中，$P(E)$为特定电场下的累计击穿概率；E_i 为实验击穿强度；β 为形状因子；E_0 为威布尔特征击穿强度，代表累计失效概率为 63.2%时的击穿强度。

1.1.3 电介质的电导机理

电介质并非理想绝缘体，在外加交变电场的作用下，电介质内部的弛豫极化和泄漏电流引起弛豫损耗与电导损耗，使得部分电能转化为热能，产生能量损耗[18]。在高温、高电场强度下，电介质的能量损耗以电导损耗为主，较高的泄漏电流会导致聚合物电介质内部出现温升，引起薄膜电容器热失控。电介质的电导大小，一般用电阻率（ρ）或电导率（γ）来表示。在 SI 单位制中，电阻单位

为 Ω（欧姆），电导的单位为 S（西门子）；电阻率单位为 $\Omega\cdot m$，电导率单位为 S/m。电阻率和电导率是表征材料导电性能的宏观参数，它与材料的几何尺寸无关。

按照导电载流子种类，电介质的电导可分为：

① 电子电导（包括空穴电导）——载流子是带负电荷的电子（或带正电荷的空穴）。

② 离子电导——载流子是离解了的原子或原子团（离子），它们可以带正电荷，也可以带负电荷，如 Na^{+}、Cl^{-}、$(OH)^{-}$ 等。离子导电时，伴随有电解现象发生。

③ 胶粒电导——载流子是带电的分子团（即胶粒），如油中处于乳化状态的水等。

根据常温、常压条件下电导率和电阻率的大小，材料可分为导体、半导体和绝缘体。

聚合物电介质的电导电流可描述为：

$$J = ne\mu E \tag{1-6}$$

式中，J 为电流密度；n 为载流子密度；e 为电子电荷；μ 为载流子迁移率。

在低电场下，n 和 μ 只受温度的影响，传导机制是欧姆传导，电导电流随外加电场线性增加[19]。在高电场强度下，电介质内部的 n 和 μ 受电场的影响较为显著。同时随着温度升高 n 和 μ 激增，聚合物中的传导电流随温度呈指数增长。图 1-4 给出了聚合物绝缘介质中的几种典型电导机制，包括普尔-弗伦克尔发射、跳跃传导、肖特基发射、热电子发射和场致发射[20]。

普尔-弗伦克尔发射是指聚合物电荷陷阱中入陷的载流子获得能量，跃迁至导带，成为自由载流子，形成传导电流。普尔-弗伦克尔发射的传导电流密度 $J_{\text{P-F}}$ 可表示为：

$$J_{\text{P-F}} = \sigma_0 E \exp\left(-\frac{\mu_{\text{P-F}}}{kT}\right) \exp\left(\frac{\sqrt{e^3/\pi\varepsilon_0\varepsilon_r}\sqrt{E}}{kT}\right) \tag{1-7}$$

式中，ε_0 为低电场下的电导率；$\mu_{\text{P-F}}$ 为电荷陷阱的势垒高度；k 为玻耳兹曼常数；e 为元电荷；T 为温度。普尔-弗伦克尔发射与

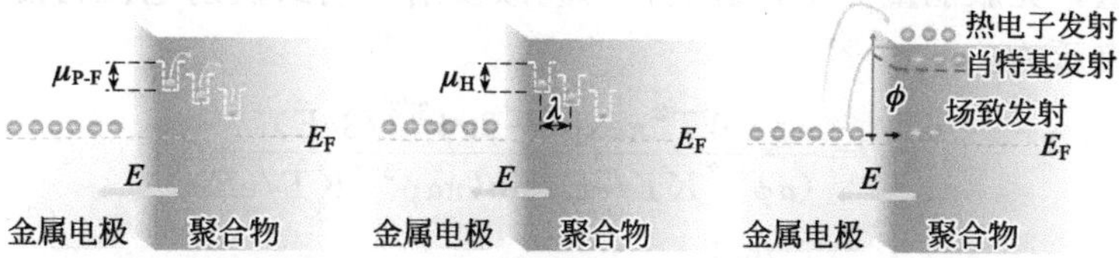

(a) 普尔-弗伦克尔发射 (b) 跳跃传导 (c) 电极限制电导

图 1-4 典型电导机制的示意图

聚合物电介质中的陷阱能级有关。

跳跃传导是指由于温度和电场的升高，载流子获得更高的能量，跳过聚合物中长程无序和短程有序之间的势垒，导致传导电流的急剧增加。跳跃传导电流密度 J_H 可表示为：

$$J_H = 2ne\lambda\upsilon\exp\left(-\frac{\mu_H}{kT}\right)\sinh\left(\frac{\lambda eE}{2kT}\right) \tag{1-8}$$

式中，λ 为跳跃距离；n 为载流子密度；μ_H 为势垒高度；υ 为电子在陷阱位置的热振动频率。

普尔-弗伦克尔发射和跳跃传导属于体相限制传导机制，取决于电介质的陷阱能级、陷阱密度和电子漂移迁移率等参数。

由于能带结构的不同，在金属电极/聚合物电介质界面处存在能量势垒。来自电极的电荷载流子必须克服能量势垒，才能注入聚合物电介质。肖特基发射是指金属电极中电荷载流子在热刺激下获得足够的能量，以克服电极/聚合物界面处的能量势垒，增加传导电流。此外，在高电场强度作用下，势垒高度会有所下降，肖特基发射载流子会增多，这意味着高温、高电场强度共同作用时，肖特基发射是传导电流的主要来源。肖特基发射传导电流密度 J_S 可表示为：

$$J_S = AT^2\exp\left(-\frac{\phi}{kT}\right)\exp\left(\frac{\sqrt{e^3/4\pi\varepsilon_0\varepsilon_r}\sqrt{E}}{kT}\right) \tag{1-9}$$

式中，A 为理查森常数；ϕ 为电极/介质薄膜之间的界面势垒高度。

除了热刺激外，低温度下电荷载流子在高电场强度作用下获得能量，克服能量势垒，这被称为场致发射。场致发射电流密度 J_F 可表示为：

$$\begin{cases} J_F = \dfrac{AT^2 \pi \exp(-2\alpha\phi^{3/2}/3eE)}{(\alpha\phi^{1/2}KT/eE)\sin(\pi\alpha\phi^{3/2}KT/eE)} \\ \alpha = \dfrac{4\pi\sqrt{2m}}{h} \end{cases} \tag{1-10}$$

式中，m 为有效电子质量；h 为普朗克常数。

综上可知，上述几种电导机制中均涉及温度因素，尤其是肖特基发射与普尔-弗伦克尔发射，会对电介质的高温电导行为产生严重的影响。为了提高储能介质的高温绝缘性能，在了解电导机理的基础上，可采用提高界面势垒和电介质体内引入深陷阱能级的方法来抑制高温电导损耗。

1.2　电介质储能的物理机制

电介质在外加电场作用下发生极化，电偶极子发生极化取向或极化延伸（正负电荷中心距离增加），在电介质表面出现束缚电荷，而在极板上感应出等量异号的自由电荷，实现电荷存储。电介质在电场作用下极化可以简单理解为电容器的充电过程，一旦外电场撤掉，电介质将发生退极化，电偶极子恢复到初始状态，介质表面束缚电荷和极板上的自由电荷逐渐减少，直至放电完成。

电介质储能密度 U 的表达式如下[11]：

$$U = \int E\mathrm{d}D \tag{1-11}$$

式中，U 为储能密度；E 为外施电场强度；D 为电位移强度。

储能电介质的典型 D-E 回路（电滞回线）示意图如图 1-5 所示，橙色区域 1 围成的面积表示放电能量密度（U_e），蓝色区域 2 围成的面积表示充放电过程中产生的能量损耗（U_{loss}），主要由电导损耗和极化损耗导致。

对于线性电介质而言，电位移强度随电场强度呈线性变化，如

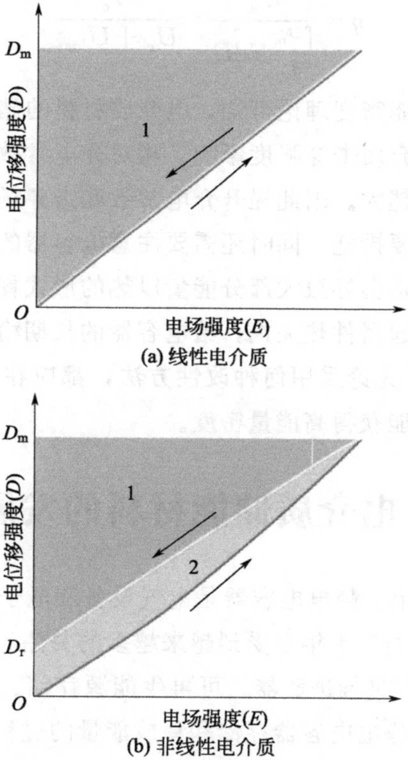

图 1-5　电滞回线的示意图

图 1-5（a）所示，式（1-11）可变换为：

$$U=\varepsilon_r\varepsilon_0E^2/2 \tag{1-12}$$

式中，ε_0 为真空介电常数；ε_r 为相对介电常数。

对于非线性电介质，在放电过程中会存在剩余极化，导致因退极化不彻底引起的能量损耗，如图 1-5（b）所示，计算公式可变换为：

$$U=\int_{D_r}^{D_m}E\mathrm{d}D \tag{1-13}$$

式中，D_m 为最大电位移强度；D_r 为剩余电位移强度。

充放电效率（η）是电介质电容器的另外一个重要参数，可以表示为：

$$\eta = \frac{U_e}{\int_0^{D_m} E \mathrm{d}D} = \frac{U_e}{U_e + U_{loss}} \tag{1-14}$$

基于上述储能密度理论可知，电介质材料的储能密度主要受相对介电常数和电介质击穿强度影响，相对介电常数越大、击穿场强越高，能量密度越大。因此提升介电常数和击穿场强是获得高储能密度电介质的主要措施，同时还需要注意电容器的充放电效率：充放电效率过低，将会导致大部分能量以热的形式释放，进一步加速介质老化甚至引起器件热失控，给电容器的长期稳定运行带来安全隐患[17]。因此，无论采用何种改性方法，都应在保证充放电效率的前提下，尽可能获得高能量密度。

1.3 电介质储能材料的发展现状

如图 1-6 所示，静电电容器是电气设备和电子装置中最重要的元件之一，在过去二十年中受到越来越多的关注，尤其是在新能源汽车（NEV）、先进推进武器、可再生能源存储、高压输电和医疗除颤器等领域。静电电容器存储和释放能量的过程是一个纯物理过程，对应于介电材料的极化和退极化响应。因此，与普通电池、燃料电池和超级电容器等电化学同类产品相比，静电电容器在某些性能指标方面具有一定优势[1]，包括超短充放电时间（微秒至毫秒级）、超高功率密度（$10^7 \sim 10^8$ W/kg）、高工作电压和高安全性等。然而，由于介电材料的相对介电常数较低，静电电容器的能量存储密度远低于其他电化学储能器件，因此需要更大体积的电容器才能满足容量要求[2]。此外，复杂工况下新能源汽车、地下油气开采系统对电容器的耐温性要求高，研制耐高温、高容积比的电容器是未来发展的主要方向[3]。

静电电容器大致可分为两类：无机陶瓷电容器和有机聚合物薄膜电容器。这两类电容器各具特点。其中，多层陶瓷电容器（MLCC）是一类应用极为广泛的商用无机陶瓷电容器，主要储能介质为钛酸

图 1-6 聚合物薄膜电容器的代表性应用

钡 $BaTiO_3$ 或锆钛酸铅 $PbZrTiO_3$ 等高相对介电常数（介于 10^3～10^5 之间）陶瓷材料[4]。然而，陶瓷的击穿强度相比聚合物薄膜要低，导致其放电能量密度通常低于 20J/cm^3，而且陶瓷弹性模量高、脆性大，不适合做成大尺寸陶瓷电容，常用于制作微型陶瓷电容器[5-9]。相比之下，薄膜电容器因聚合物而具有优异的绝缘性、易于大规模加工、成本低、重量轻、柔性好等优势。以新能源汽车中的直流母线电容器为例，如图 1-7 所示，薄膜电容器主要由电容器芯包、封装绝缘、外壳和引线等组成。金属化聚合物薄膜电容器芯包是薄膜电容器的重要组成部分。换言之，薄膜电容器的工作性能在很大程度上取决于聚合物薄膜的介电特性，如相对介电常数 ε_r、介电损耗 $\tan\delta$、击穿强度 E_b、电阻率 ρ。然而，聚合物薄膜的介电常数较低，导致放电能量密度不高，尤其在高温和高电场强度等极端工况条件下，其储能特性会严重劣化[10-12]。例如，双向拉伸聚丙烯（BOPP）作为一种应用最广的电容薄膜材料，其击穿场强高达 700MV/m。然而，BOPP 薄膜的相对介电常数仅为 2.2，室温（25℃）放电能量密度低于 4J/cm^3。随着温度升高至 105℃，BOPP 薄膜能够承受的电场强度降低，电导损耗增加，导致放电能量密度降至 0.5J/cm^3[13,14]。

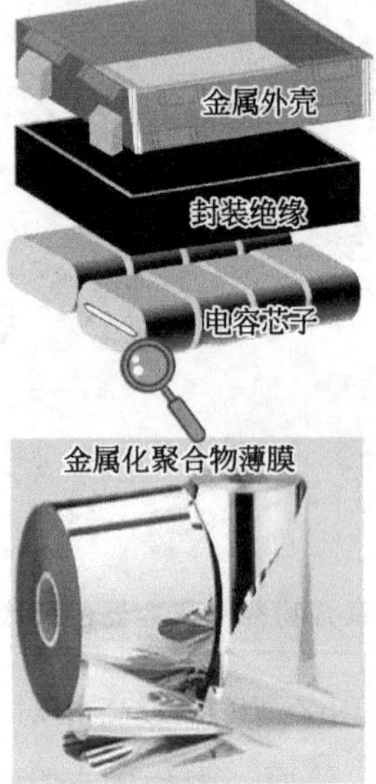

图 1-7 DC-Link 薄膜电容器结构示意图

根据 Web of Science 数据库检索相关关键词，相关研究在 2012—2022 年的发表数量如图 1-8 所示。

在 2012—2022 年间，研究人员提出了许多基于微观/介观结构调控的策略来改善聚合物介质薄膜的介电储能性能，如调控分子链、掺杂/共混第二相或构建多层膜结构，以同时提高室温下的介电常数和电击穿强度，或抑制高温下的电导损耗[15-18]。迄今为止，已有多篇综述文章对聚合物电介质储能的发展现状进行了总结[1,9-12,19-28]。例如，Dang 等人综述了具有高介电常数的柔性纳米介电薄膜，并总结了纳米粒子的物理/化学特性以及纳米粒子与聚合物之间的相互作用[19]。Huang 等人概述了核壳结构高 K（相对介电常数）值聚合物纳米复合材料，强调了核壳无机填料在保持高介电常数的同时实现低介电损耗和高击穿强度的优势[20]。Chen

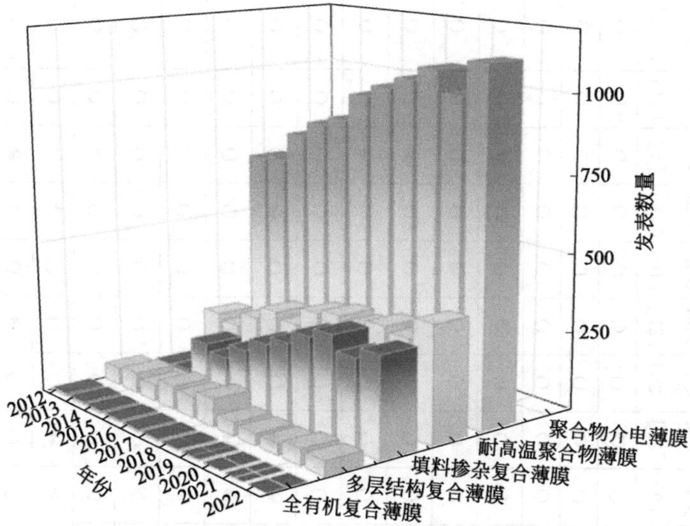

图 1-8　相关研究在 2012—2022 年的发表数量

及其同事总结了高能量密度铁电和线性聚合物、纳米复合材料和多层薄膜的最新进展[21]，而 Prateek 等人则回顾了基于 PVDF 的铁电纳米复合材料的最新进展[22]。2017 年，Baer 等人系统研究了多层聚合物薄膜中的介电现象，强调了它们作为未来薄膜电容器先进介电材料的巨大潜力[23]。此外，高温介电材料已成为一个重要的新课题。Li 等人首次对高温介电储能进行了总结[24]，为耐热聚合物电容器薄膜的发展提供了重要指导。随后，由于大规模生产和工业应用的高要求，全有机薄膜[13] 和耐热聚合物薄膜[14,15] 受到越来越多的关注。表 1-1 比较了已发表的代表性综述论文涉及相关主题的覆盖情况，可以看出，2020 年之后，热门研究的重点已从室温电介质储能转向高温电介质储能。

尽管在过去十年中，人们为开发聚合物电介质薄膜付出了巨大努力，但实验室研究与电容器制造商要求之间的巨大差距却日益突出。造成这种差距的主要原因是人们对商用薄膜电容器缺乏了解，这阻碍了聚合物电介质的进一步发展。

表 1-1　本书覆盖的主题范围及与其他已发表综述论文的比较

本书覆盖的主题范围				文献[19]	文献[20]	文献[21]	文献[22]	文献[23]	文献[24]	文献[9]	文献[25]	文献[26]	文献[27]	文献[10]	文献[28]	文献[1]	文献[11]	文献[12]
基本方法	薄膜制备			○	◔	◔	○	◔	○	○	◔	○	○	○	○	○	○	○
	结构表征			○	○	○	○	○	○	○	◔	○	○	○	○	○	○	○
	储能测试			○	○	○	○	○	○	○	○	○	○	○	○	○	○	○
薄膜改性方法	室温	全有机薄膜	接枝	○	○	○	○	○	○	○	○	○	◔	○	◔	◕	○	○
			交联	○	○	○	○	○	○	○	○	○	○	○	○	○	○	○
			共聚	◔	○	◕	◕	○	○	○	○	○	◕	○	○	◕	○	○
			共混	◔	○	◔	○	○	○	○	○	○	○	○	◔	◕	○	○
			有机填料	○	○	○	○	○	○	○	○	○	○	○	○	○	○	○
		复合薄膜	0D 填料	◕	◕	◕	◕	○	○	◕	◕	○	○	○	◕	○	○	○
			1D 填料	○	○	◔	◕	○	○	◕	◕	◕	○	○	○	○	○	○
			2D 填料	○	○	○	○	○	○	◕	◔	○	○	○	○	○	○	○
			混合填料	◔	○	○	◔	○	○	◑	◔	◔	○	○	○	○	○	○
		多层薄膜	双层结构	○	○	○	○	○	○	○	○	○	○	○	○	◔	○	○
			三层结构	○	○	○	○	○	○	◕	◕	○	○	○	◔	◔	○	○
			多层结构	○	○	◔	○	◕	○	○	○	○	◕	○	◔	◕	○	○
			梯度薄膜	○	○	○	○	○	○	○	◔	○	○	○	○	○	○	○

续表

本书覆盖的主题范围				文献[19]	文献[20]	文献[21]	文献[22]	文献[23]	文献[24]	文献[9]	文献[25]	文献[26]	文献[27]	文献[10]	文献[28]	文献[1]	文献[11]	文献[12]
薄膜改性方法	高温	分子链工程	接枝	○	○	○	○	○	○	○	○	○	○	◕	○	◔	◕	◕
			交联	○	○	○	○	○	○	○	○	○	○	◕	○	○	○	○
			新结构	○	○	○	○	○	◕	○	○	○	○	◕	○	○	○	○
		掺杂工程	掺杂/共混	○	○	○	○	○	○	○	○	○	○	◔	○	◕	◕	○
			无机填料	○	○	○	○	○	◔	○	○	○	○	○	○	○	◕	◕
		多层工程	全有机	○	○	○	○	○	○	○	○	○	○	◔	○	◕	◔	○
			有机/无机	○	○	○	○	○	◔	○	○	○	○	○	○	○	○	○
			无机层	○	○	○	○	○	◔	○	○	○	○	○	○	○	○	○
薄膜电容器		制造工艺	制造工艺	○	○	○	○	○	○	○	○	○	○	○	○	◔	○	○
		性能评估	评估指标	○	○	○	○	○	○	○	○	○	○	○	○	○	○	○
			应用分类	○	○	○	◑	○	◔	○	◔	○	○	◔	○	◔	○	◔
		故障监测	失效机制	○	○	○	○	○	○	○	○	○	○	○	○	○	○	○
			监测情况	○	○	○	○	○	○	○	○	○	○	○	○	○	○	○

注：覆盖主题的范围：○，未涉及；◔，少量涉及；◑，适中涉及；◕，大量涉及。

本书旨在全面梳理当前聚合物电介质薄膜材料及其改性方法，突出各种方法之间的差异。首先，对聚合物薄膜制备方法和电能存储测试方法的优缺点进行了比较和总结，重点介绍了近年来用于聚合物介质薄膜的先进表征方法，及其在建立聚合物介质薄膜的结构-性能关系中发挥的支撑作用。其次，详细阐述了用于提高室温储能性能的各种改性方法，从三个方面全面讨论了高温介质储能的研究热点，还回顾了电容器的制造、应用以及性能退化和状态监测，建立了电容器元件与聚合物电介质薄膜之间的联系。最后，探讨了聚合物电介质储能领域仍存在的挑战和未来的机遇。

·第2章·
电容薄膜制备与表征方法

2.1 制备方法

从事电容薄膜研究的学术界和产业界已经开发出多种制备聚合物电容薄膜的工艺。如图 2-1 所示，这些方法包括溶液流延法[29-38]、静电纺丝法[39-48]、热压成型法[49-57]和熔融挤出法[21,58-63]。有些方法仅适用于在科研院所的实验室环境中制备小尺寸的聚合物薄膜，另一些方法则适合在企业进行大规模工业生产。表 2-1 总结了上述制备方法的主要特点，本节将提供具体实例来描述它们的差异和优点。

表 2-1 聚合物介质薄膜制备方法的比较

制备方法	单层厚度	规模	优势	挑战
溶液流延法	≥3nm	实验室规模	简单	成本高 产量低
静电纺丝法	≥5μm	实验室规模	灵活	工艺很复杂 制备效率低
热压成型法	≥20μm	实验室规模	简单	试样尺寸小
熔融挤出法	≥0.5μm	工业规模	高产	设备成本高

2.1.1 溶液流延法

溶液流延法，如胶带铸造法、旋涂法和喷涂法，对于实验室规模的薄膜制备而言是简便、低成本且高效的。这些方法可用于制备全有机、纳米复合和多层薄膜。

例如，将可溶树脂溶解在特定的溶剂中并倾倒在玻璃或不锈钢基板上。通过调控刮刀与基板的距离改变湿膜的厚度［图 2-1(a)，左］，然后在真空烘箱中干燥湿膜，加速溶剂蒸发。最后，将薄膜从基板上剥离[29-33]。

此外，旋转涂覆是一种使用旋转器制备聚合物薄膜的有效方法［图 2-1(a)，中］。首先将溶液滴在硅或玻璃基板上，然后放置于旋转台上以一定的速度旋转，经过热处理工艺后即可得到聚合物薄膜[34-37]。薄膜的厚度可以通过增加旋转次数和调节溶液浓度来控制。

最近，研究人员开发出一种超声波喷涂（USC）技术，用于在大气条件下制作薄膜［图 2-1(a)，右］。在此方法中，通过压缩空气将溶液喷洒至基材上。超声波雾化器喷嘴的尖端可以按照设定的速度移动，然后将湿膜转移到干燥箱中以获得所需薄膜[38]。

使用溶液流延法的前提是树脂必须是可溶解的，这会因使用有机溶剂而增加成本。

2.1.2 静电纺丝法

静电纺丝技术因其在实现柔性结构设计方面的优势而广泛应用于聚合物薄膜的制备，尤其适用于制备具有不均匀填料分布的纳米复合薄膜[39]。首先将前驱体溶液抽至注射器中，通过施加高压使溶液在静电作用下喷出。将得到的湿毛毡在特定的温度下干燥即可得到所需的薄膜。

单通道静电纺丝技术用于生产具有一维纳米纤维、二维纳米片的各种纳米复合薄膜［图 2-1(b)，左］[40-44]。

此外，研究人员利用一种改进的非平衡多通道静电纺丝技术来制备成分梯度的多层复合薄膜。该技术涉及多个注射器，每个注射器含有不同填料浓度的前驱体溶液［图 2-1(b)，中］。通过调控静电纺丝顺序，将静电纺丝纤维收集到滚筒上，形成具有不同填料含量的逐层纤维垫。然后从滚筒上剥离收集的纤维垫，并在一定温度下进行热压以获得致密的多层复合薄膜[45,46]。

同时，还可以采用同轴静电纺丝工艺［图 2-1(b)，右］来制备核壳结构或多组分纤维薄膜，如 SiO_2@BZT-BCT 和 Al_2O_3@BZT-BCT 无机核壳纤维[40,41] 以及 PVDF/PMMA、P(VDF-TrFE-CFE)/PSF 全有机纤维[47,48]。

虽然静电纺丝法已广泛应用于制造具有不同设计结构的纳米复合材料，但其较低的生产效率仍然是大规模生产电容性聚合物薄膜的主要障碍。

2.1.3　热压成型法

热压成型法也是制备聚合物介电薄膜的常见方法，特别是用于不溶性聚合物树脂。如图 2-1(c) 所示，热压成型法需将树脂颗粒放置在加热板上，通过调控温度和施加压力将树脂制备成薄膜。

热压成型法可用于制备热塑性[52] 和热固性聚合物薄膜[53,54]。然而，它仍然是一种实验室规模的制备工艺，难以用于生产超薄电容膜[55]。例如，使用热压成型方法成功制备了聚酞嗪酮醚酮 (PPEK) 薄膜。该工艺制备过程中，施加 345℃ 的热板温度和 2500psi(1psi=6894.757Pa) 的压力以形成厚度为 20～40μm 的透明 PPEK 薄膜[56]。

此外，热压成型法也可用于制备多层复合薄膜。PET/PVDF 夹层薄膜利用逐层热压制备，显著提高了介电性能[57]。

可溶性聚合物一般采用溶液流延法、静电纺丝法制备，不溶性聚合物则优先采用热压成型法制备。

2.1.4　熔融挤出法

熔融挤出法通常用于生产商业化的聚合物薄膜，如 PP、PET、

PEN、PC 薄膜，因为它不含溶剂并且对环境友好。挤出法的制造步骤如图 2-1(d) 所示。在生产过程中，高纯度树脂颗粒在给定的挤出温度下在挤出机中熔化，然后熔体以一定的速度通过螺杆并在冷铸辊上固化。同时需要在横向上进行连续拉伸，以促进聚合物分子链定向分布，并将介电薄膜的厚度减小到几微米，甚至几百纳米。

由于熔融挤出工艺非常复杂，因此使用严格的监控和反馈控制系统来确保薄膜的高质量非常重要[21,58-63]。Zhang 等人将熔融挤压和双轴定向工艺用于中试规模的薄膜生产，所得到的电容器薄膜宽度可达 2m，长度可达 3000m[61]。此外，基于黏度兼容性，由聚碳酸酯（PC）和聚砜（PSF）组成的多层膜也可以通过熔融挤出制备，挤出温度为 280℃[62]。

与溶液流延法、热压成型法和静电纺丝法相比，熔融挤出的主要优势在于它能够生产出符合工业要求的大规模薄膜。

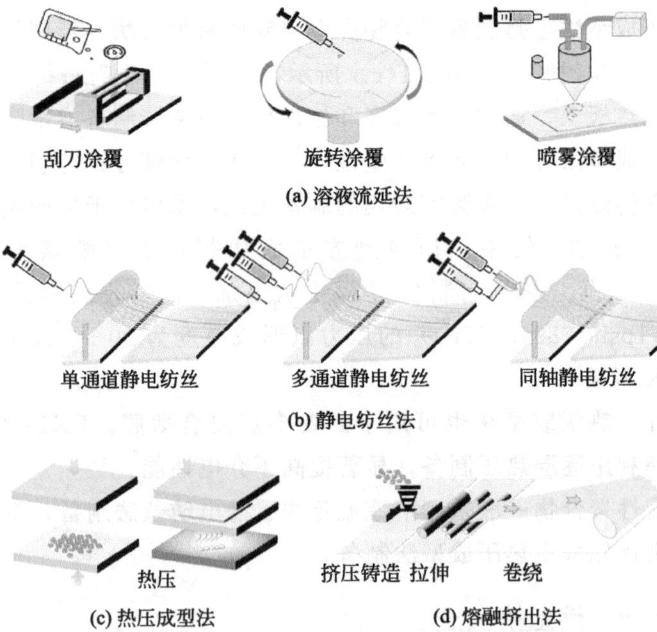

图 2-1　聚合物电介质薄膜的制备方法示意图

2.2 表征方法

2.2.1 精细结构表征方法

聚合物薄膜的微观结构在决定材料性质和电容器性能方面起着至关重要的作用。因此，精确表征其微观结构对于更好地理解聚合物薄膜的结构-性能关系非常重要。传统的微结构表征方法，如 X 射线衍射（XRD）、傅里叶变换红外光谱（FTIR）、差示扫描量热法（DSC）、热重分析（TGA）和扫描电子显微镜（SEM），在研究聚合物薄膜的结构信息方面做出了巨大贡献。然而，要进一步阐述多尺度结构，需要先进的技术。在本节中，我们将回顾近年来成功应用于研究聚合物基电容器薄膜微结构的四种新开发的表征手段。

（1）AFM-IR

界面效应是决定无机/有机纳米复合材料介电性能的重要因素。因此，迫切需要能够直接观察界面效应的结构表征技术。近年来，原子力显微镜-红外光谱（AFM-IR）的联用技术已被广泛应用，其主要通过探测材料局部吸收红外光引发的纳米尺度热膨胀来表征材料的微观结构和化学成分。AFM-IR 将 AFM 的高分辨率结构分析与红外光谱的化学表征相结合，可以更好地揭示纳米复合薄膜中细微的结构信息[64-70]。图 2-2(a) 显示了 AFM-IR 技术的工作原理图，该技术通过检测样品的光吸收来工作[64]。

Liu 等人首次将 AFM-IR 技术用于研究聚合物介电薄膜。对 5%（体积分数）$BaTiO_3$/[P（VDF-TrFE-CFE）] 纳米复合材料中纳米填料与聚合物基体之间的界面耦合进行了化学映射。结果表明，标记为 2 和 3 的位置［分别距离界面约 40nm 和 15nm，见图 2-2(a)］具有全反式构象的增量，而位置 1（距离界面约 1nm）的全反式构象增量要小得多，为 $1275cm^{-1}$。在距离界面约 50nm 处，位置 4 没有红外峰，表明不存在极化耦合效应［图 2-2(a)，红外光谱]。这种现象表明界面耦合的非均匀性，这与多核模型相矛盾，该模型认为界面效应是距离界面区域的函数。在距离填料-基体界面>100nm处所测得的全反式构象在位置6和7处增强，在位置5处显著减弱，进一步证实了界面效应的非均匀性。

Liang等人利用AFM-IR表征了一系列含有不同偶联剂和纳米填料的铁电聚合物，系统地验证了纳米填料与聚合物基体之间界面局部结构-性能之间的相关性。结果表明，含偶联剂的纳米复合材料在3393cm^{-1}处的羟基信号峰向较低波数偏移，而聚合物基体在该波数范围内没有明显信号，证实了界面区域形成了更多的氢键。氢键的形成增加了β相的含量，减小了界面区域的尺寸，从而提高了局部压电效应和击穿强度[70]。AFM-IR为精细表征纳米复合材料的界面结构提供了直接证据。

(2) KPFM

开尔文探针力显微镜（KPFM）是一种非常强大的技术，用于表征表面和界面结构以及电子特性[71-73]。在非接触模式下，扫描导电尖端并记录由两种材料之间的功函数不同引起的静电力相互作用而非电流。然后，施加一个外部电压来中和接触电位差，仅当施加的偏压等于下方电荷的有效局部电位时，才满足零力条件。KPFM可以获得样品的表面电位和电位信息的空间分辨图。

近年来，KPFM成为用于表征界面电位和从金属电极到聚合物电容器薄膜的电荷注入的新兴技术。研究人员采用具有纳米级空间分辨率的改进KPFM对$BaTiO_3$/P（VDF-TrFE）纳米复合材料的界面极化进行了研究，测试装置示意图及工作原理如图2-2(b)所示[65]。可见，填料/基体界面区电极化明显增强，有明显的亮信号。此外，可以观察到一个宽度为20～30nm的过渡区域，与界面区域尺寸相匹配。KPFM还用于测量由金属电极到聚合物电容薄膜的电荷注入，表面电位的增加表明由于电子的固定而形成了电荷积累区域[74,75]。Zhang等人利用非接触模式进行了KPFM测量，以研究聚合物表面的电荷动力学[76]。未改性 BOPP 薄膜的表面电位电荷耗散较慢，即使在 330s 后衰减也非常小。相反，具有蒙脱石（MMT）涂层的改性 BOPP 薄膜的电荷量要低得多，这表明涂覆绝缘层可以阻碍金属电极的电荷注入并加速电荷耗散。KPFM 为理解聚合物电介质薄膜中填料/基体界面和电极/电介质界面的电荷状态提供了一种新的可能性。

(3) ToF-SIMS

在飞行时间二次离子质谱法（ToF-SIMS）中，二次离子通过高压电位被提取到分析仪中，通过测量它们从样品到检测器的时间间隔来确定它们的质量，并由此获得元素、分子、组成信息[77,78]。

ToF-SIMS 是静态 SIMS 的主要实验变体，是表面科学中一种具有潜在重要性的技术，自 20 世纪 60 年代末以来已广泛用于表征表面结构[79]，但很少用于聚合物介电薄膜。近年来，利用 ToF-SIMS 对全有机 P（VDF-TrFE-CFE)/PSF 介质薄膜中的元素分布进行了表征，其中 P（VDF-TrFE-CFE）作为基体，填充连续的聚砜（PSF）纤维[47]。由于样品的全有机特性，传统的 SEM 手段难以观察到 PSF 纤维的分布，因此采用 ToF-SIMS 方法分别分析 PSF 和 P（VDF-TrFE-CFE）中氧和氟元素来反映基体中 PSF 的分布。如图 2-2(c) 所示，两张映射图一致性良好，PSF 纤维在基体中随机分布。这种类似钢筋混凝土的结构有利于提高电容器薄膜的力学性能。

同样，Cui 等人报道了以 PMMA 为基体、PVDF 为高介电纤维的全有机 PMMA/PVDF 复合材料的微观结构。ToF-SIMS 元素映射显示氧元素呈连续分布，氟元素呈现纤维状。这意味着成功构建了 PVDF 纤维增强 PMMA 全有机复合材料，而且高介电 PVDF 纤维和强界面极化也显著提高了复合薄膜的介电响应与储能性能[48]。

此外，ToF-SIMS 具有良好的分离速度，可以精确观察纳米填料在横向和深度分布的均匀分散性。Yang 等利用 ToF-SIMS 技术研究了 PEI-O-AOC 聚合物/金属氧化物团簇复合材料中无机组分的分布。ToF-SIMS 测试结果显示，铝离子均匀分散在复合材料中。均匀分散的无机团簇可以引入更高的陷阱能级与更大的陷阱密度，从而显著提高储能性能[80]。ToF-SIMS 在表征聚合物基复合薄膜的表面和内部结构方面都表现出了巨大的优势。

(4) In-situXRD（原位 XRD）

聚合物电容器通常在高温、高电场强度等多场耦合条件下工作，这会改变聚合物介电薄膜的微观结构。尽管高温介电储能技术已经引起人们的广泛关注，但对聚合物薄膜微观结构的原位研究却极为罕见，这阻碍了微观结构与性能关系的建立。

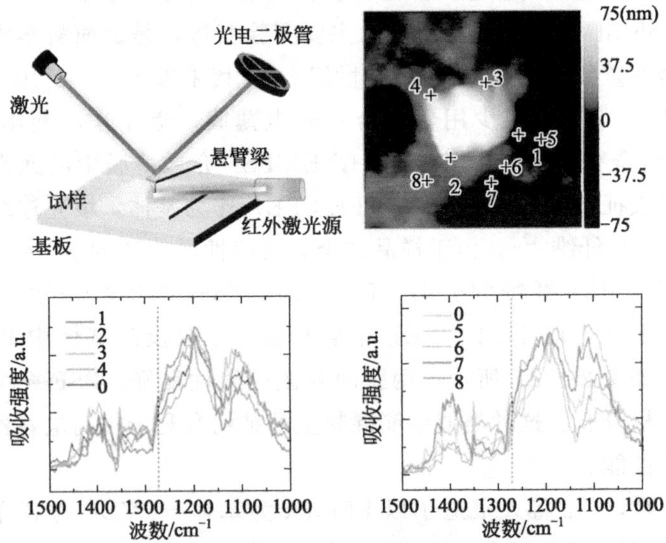

(a) 原子力显微镜-红外光谱

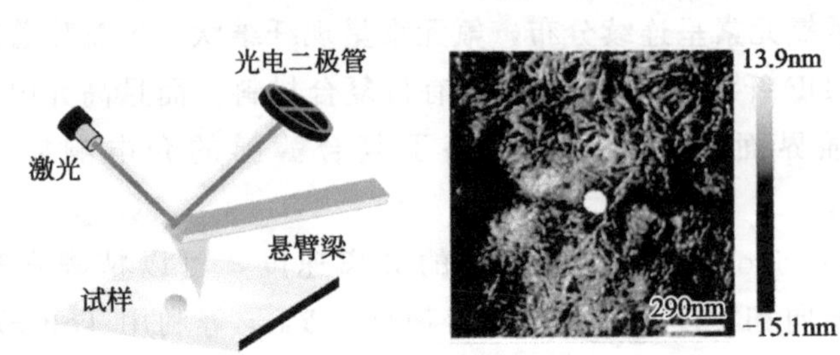

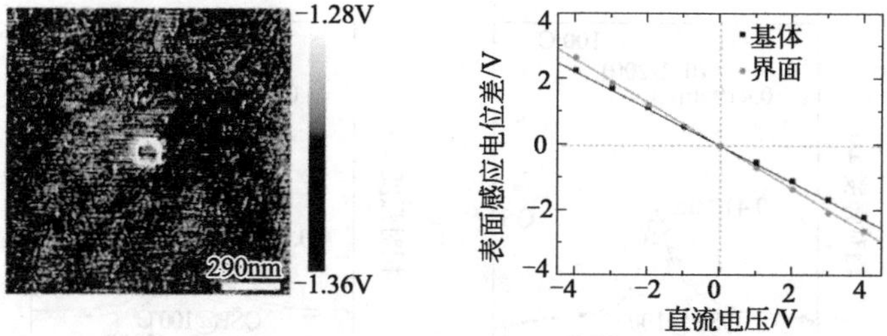

(b) 开尔文探针力显微镜

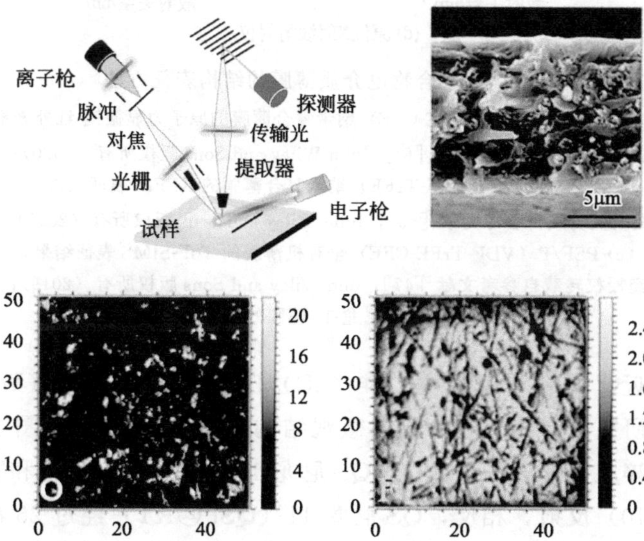

(c) 飞行时间二次离子质谱仪

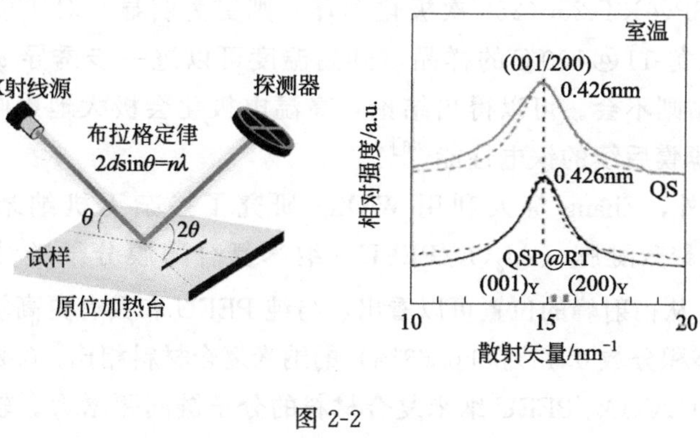

图 2-2

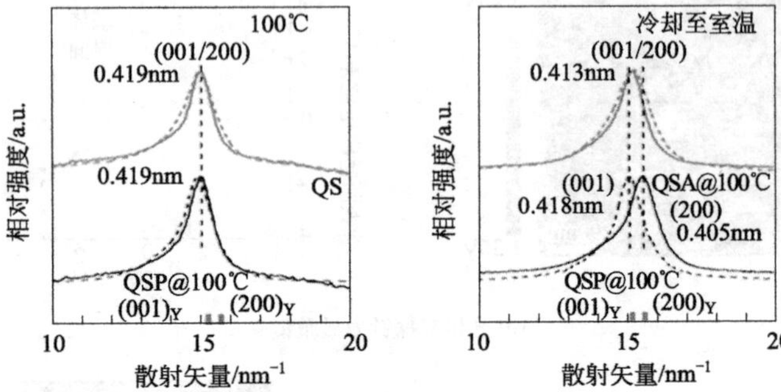

(d) 原位X射线衍射仪

图 2-2　聚合物电介质薄膜的结构表征方法

(a) $BaTiO_3$/P（VDF-TrFE-CFE）纳米复合薄膜的原子力显微镜-红外光谱，经授权转载自参考文献［64］John Wiley and Sons 版权所有（2020）；(b) $BaTiO_3$/P（VDF-TrFE）纳米复合薄膜的 KPFM 表征结果，经授权转载自参考文献［65］，John Wiley and Sons 版权所有（2019）；(c) PSF/P（VDF-TrFE-CFE）全有机薄膜的 ToF-SIMS 表征结果，经授权转载自参考文献［47］，ohn Wiley and Sons 版权所有（2019）；(d) 淬火、拉伸和极化尼龙-11 薄膜的原位 XRD 表征结果

最近，人们利用原位二维（2D）广角 X 射线衍射（WAXD）来充分研究聚合物介电薄膜的微观结构变化[14,66,81]。如图 2-2(d) 所示，淬火拉伸后的尼龙-11(QS 尼龙-11）薄膜具有重叠和宽阔的(100/010）反射，相反，QS 尼龙-11（QSP@RT）经过 25 次极化循环后观察到明显的取向，表明极化处理促进了 α 相结构的稳定性，QSP@RT-250(250 次极化循环）则更为明显。对于极化处理 QSP 尼龙-11@100℃的样品，升高温度可以进一步诱导 α 相，而 QS 样品则不会。可以得出结论：高温电极化会极大地影响 QS 尼龙-11 薄膜后续的铁电性能[66]。

此外，Zhang 等人利用 WAXD 研究了掺杂无机纳米填料对 Al_2O_3/聚芳醚脲（Al_2O_3/PEEU）纳米复合薄膜分子链结构的影响[81]。从衍射峰的位置可以看出，与纯 PEEU 和具有更高填充含量(例如体积分数 0.43%和 0.63%）的纳米复合材料相比，0.21%（体积分数）Al_2O_3/PEEU 纳米复合材料的分子链间距增大。较大的分子链间距可以为偶极子取向提供更多的局部自由体积，增强偶极子对外加电场的响应，提高介电常数。原位 XRD 已被证明是研究多场条件下聚合物薄膜微观结构变化的有力技术。

2.2.2　介电性能表征方法

在介电电容器的研究和开发中，精确的介电性能表征对评估和优化聚合物电容薄膜的储能性能至关重要。介电性能测试通常基于金属-绝缘体-金属（MIM，即电极-介电体-电极）的夹层结构。测试介电常数和介电损耗的方法包括使用 LCR 表（L、C、R 分别表示电感、电容和电阻）、精密阻抗分析仪、矢量网络分析仪和红外光谱仪，具体选择取决于测试频率范围。通过施加不同频率和幅值的交流电场，记录材料的电容和损耗因子的变化，可以分析材料的介电常数和介电损耗。在不同的频率范围内，聚合物的分子和基团会表现出不同的电荷输运行为和极化效应。通过捕捉特定频率下偶极子与载流子的动态信息，反映聚合物的介电性能。介电性能测试的核心在于测量材料对交变电场的响应。材料在交变电场中的介电行为能够揭示其极化过程和能量损耗特性。具体而言，受测量原理的限制，材料在弛豫区的介电特性可以用 LCR 表和/或阻抗分析仪测量。这两者的测试频率通常在较低频段（3GHz 以下），难以覆盖微波范围。对于微波区材料的介电谱测量，需要使用矢量网络分析仪。此外，在宽频率范围内测量介电谱对于了解聚合物介电特性的微观成因具有重要意义。阻抗谱是分析和研究介电行为的另一个有力工具。首先，通过测量双面电极样品在低交变电场下的阻抗来计算介电常数。在介电测量前进行开路（短路）补偿以降低残余阻抗，并用标准样品进行校准。随后，通过阻抗分析仪将测得的阻抗（Z'和 Z''）结果转换成电容 C 和电阻 R 的形式，然后通过下式计算出实部相对介电常数 ε_r'和虚部相对介电常数 ε_r''。

$$\varepsilon_r' = Cd/A\varepsilon_0, \varepsilon_r'' = d/2\pi fRA\varepsilon_0$$

式中，d 为测试薄膜的厚度；A 为测试薄膜的电极面积；f 表示交变电场的频率；ε_0 为真空介电常数。

2.2.3 储能性能表征方法

聚合物介质电容器的储能性能主要指在施加或撤去电场的情况下能够充放电的电能。目前测试电容器储能性能的主流方法有两种。第一种是间接法，首先测试介电电容器的电滞回线（称为 D-E 回路或 P-E 回路），根据极化和电场的关系计算总储能密度、放电能量密度、能量损耗和充放电效率。第二种是直接法，即用 RC 电路测试介电电容器的放电曲线。介电电容器充电后，将储存的电能从介电电容器释放到电阻负载，根据放电曲线可以获得评价聚合物薄膜放电性能的关键参数。

(1) 间接法

薄膜电容器的充电和放电对应于聚合物薄膜的极化和去极化过程[82,83]。如图 2-3（a）所示，施加电场时，电滞回线中极化曲线与电位移（D）轴所包围的区域表示总能量密度（W_{total}）。除去电场后，放电能量密度（W_{rec}）用去极化曲线与电位移轴所包围的蓝色区域表示，而极化曲线和去极化曲线所包围的紫色区域表示能量损失（W_{loss}）。充放电效率（η）反映电荷的利用率。关键参数可由电滞回线计算得出，见式（2-1）～式（2-4）。其中，D_m 和 D_r 分别是最大电位移和剩余电位移。

$$W_{total}=\int_{0}^{D_m}E\mathrm{d}D \tag{2-1}$$

$$W_{rec}=\int_{D_r}^{D_m}E\mathrm{d}D \tag{2-2}$$

$$W_{loss}=W_{total}-W_{rec} \tag{2-3}$$

$$\eta=\frac{W_{rec}}{W_{total}}\times 100\% \tag{2-4}$$

对于具有线性极化特征的电介质而言，也可利用公式 $W_{total}=(1/2)\varepsilon_0\varepsilon_r E^2$ 近似估计其放电能量密度，其中介电常数在外电场下保持不变。但对于非线性电介质来说，其储能性能参数应根据式（2-1）～式(2-4）推导得出。由于所有关键参数都是基于电滞回线计算的，因此实现较高的测试精度至关重要。Sawyer-Tower 电路［图 2-3(b)］于 1930 年首次用于测试电滞回线，由 C. B. Sawyer 和 C. H. Tower[82] 提出，但 Sawyer-Tower 电路测试技术存在三个主要问题，即感应电容、感应电容的反向电压和寄生电容，从而降低测试精度。为了解决这些问题，人们提出了一种改进的 Sawyer-Tower 电路，并应用于德州仪器公司的 Radiant Precision LC Ⅱ中，如图 2-3(c) 所示。

改进后的电路中，积分器采集电场感应的极化信号，跨阻放大器用于在切换过程中将样品有效接地，使电路能够在更宽的电容值范围内测量样品，同时消除了原电路中与样品串联的电容的寄生阻抗，使测量更加准确。虽然改进后的电路设计使测试精度有明显提高，但从电滞回线得到的位移值仍然存在测试误差，这是因为在测试过程中极化电荷和传导电荷难以分离，这两者都可能在金属电极上积累，导致电滞回线中的位移值不准确。在高温和强电场条件下，由于泄漏电流密度的指数增长，这种现象更为明显。

(2) 直接法

与间接方法相比，基于 RC 电路的直接充放电过程近年来已成为评价电容性能的最优选择[84-86]。其电路原理图如图 2-3(d) 所示，由能提供 V_s 电压对薄膜电容器充电的高压电源，与薄膜电容器串联的保护负载电阻 R_{L1} 和放电负载电阻 R_{L2}，以及在中间增加用于快速通断的真空高压 MOSFET 开关组成。直接法的操作过程如下：

① 高真空开关向左旋转，直流高压源对样品快速充电。电容样品上的电压 V_t 随着充电时间的延长而增加，如式 (2-5) 所示。

② 开关自动向右旋转并快速切断工作电压。同时，样品释放其储存的电能，电容器样品上的电压随着放电时间的延长而逐渐下降，如式 (2-6) 所示。通过记录样品电容上的电压变化以及通过负载 R_{L2} 的释放电流，即可得到电压、电流随放电时间的变化曲线，从而评价电容样品的放电性能。

$$V_t = V_s\left(1 - e^{-\frac{t}{R_{L1}C}}\right) \tag{2-5}$$

$$V_t = V_s e^{-\frac{t}{R_{L2}C}} \tag{2-6}$$

薄膜电容器的放电能量密度可以通过测量负载电阻上的电压和电流随时间的变化来获得。电介质试样可以看作一个没有损耗的理想纯电容，等效串联电阻（ESR）代表了试样的所有损耗。R_L 测得的放电能量密度 W_{rec} 与电容器中总储存能量密度 W_{total} 的关系如式（2-7）所示。可以推断，由于非理想电容器中 ESR 的存在，R_L 的放电能量密度将小于实际储存的总能量 W_{total}。对于角频率为 ω 的交流信号，由介电损耗 $\tan\delta$ 可知，电容器的 ESR 可按照式（2-8）计算[84]。

$$W_{rec} = W_{total}\frac{R_L}{R_L + ESR} \tag{2-7}$$

$$ESR(\omega) = \frac{\tan\delta}{\omega C} \tag{2-8}$$

其中，$\tan\delta$ 为介电损耗；ω 为角频率；C 为电容值。对于某些介质材料，ESR 随频率的增加而减小，并与 $\tan\delta$ 成反比。因此，在 R_L 放电初期，大部分能量已被释放，ESR 对试验结果影响不大。在放电过程的后期（放电时间越长，放电频率越低），ESR 对试验结果的影响增大。此外，介质材料的 $\tan\delta$ 越低，放电性能越好。需要注意的是，虽然直接法在实际操作中能更好地评估电容器的放电性能，但是由于测试系统的寄生电容、高压电源的不稳定等因素，测试数据仍不能完全反映聚合物电容薄膜的性能。

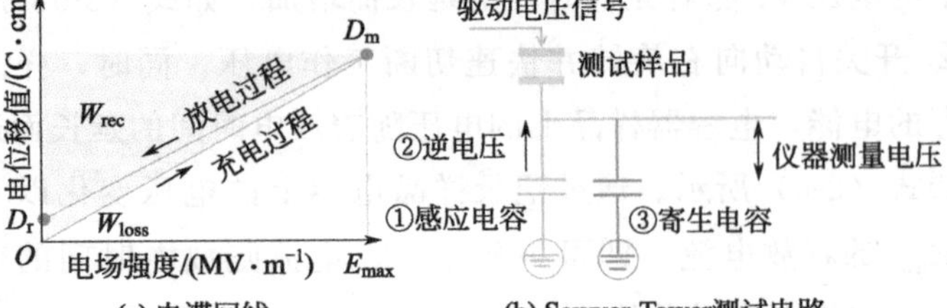

(a) 电滞回线　　(b) Sawyer-Tower测试电路

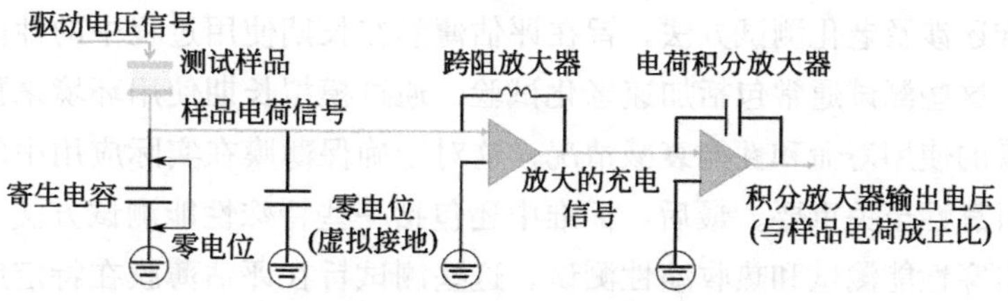

(c) 改进的Sawyer-Tower测试电路

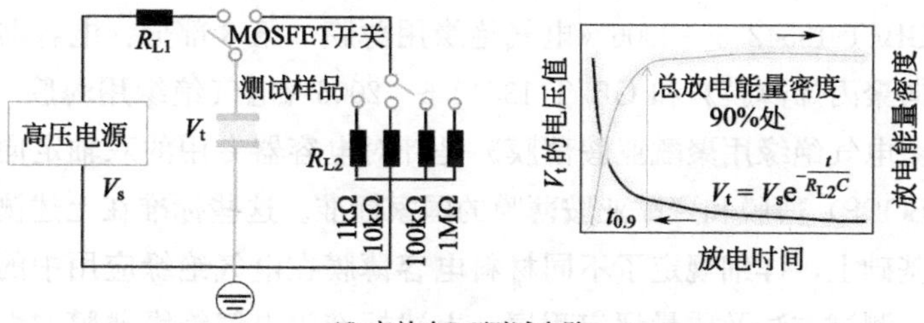

(d) 充放电RC测试电路

图 2-3 聚合物电介质薄膜储能特性的测试方法

(a) 用于计算储能特性的电滞回线示意图（间接法）；(b) Sawyer-Tower 测试电路（间接法）；(c) 改进的 Sawyer-Tower 测试电路（间接法）；(d) 充放电 RC 测试电路示意图（直接法）

2.2.4 相关国家标准介绍

不同于实验室制备电容薄膜的性能评价测试，在实际应用中，我国对电容器用聚合物介电薄膜有着详细的性能测试方法。GB/T 13542.2—2021《电气绝缘用薄膜 第 2 部分：试验方法》是电气绝缘薄膜标准化测试方法的国家标准。该标准旨在提供系统的测试程序，用以评估和验证各种电气绝缘薄膜的性能，确保其在实际应用中的可靠性和一致性。首先，该标准详细规定了电气绝缘薄膜的基本性能测试方法，包括厚度测量、力学性能测试（如拉伸强度和断裂伸长率）、电气性能测试（如介电强度和介电常数）。这些测试能够准确评估薄膜材料的基本物理和电气特性，为材料选择和应用提供科学依据。其次，标准中包含了环境性能测试方法，涵盖在不同温度、湿度和其他环境条件下对薄膜性能的评估，如耐热性、耐湿性和耐化学性等。这些测试有助于了解薄膜在各种极端环境条件下的稳定性和可靠性。此外，标准还涉及老化测试方法，旨在评估薄膜在长期使用过程中的性能变化。这些测试通常包括加速老化试验，通过模拟长期使用环境来预测薄膜的使用寿命和性能衰减情况，这对于确保薄膜在实际应用中的长期可靠性至关重要。最后，标准中还包括一些特殊性能测试方法，如抗击穿性能测试和热收缩性测试。这些测试旨在评估薄膜在特定应用场景下的特殊要求，确保其能够满足各种复杂和严苛的应用需求。另外，GB/T 13542.3—2006《电气绝缘用薄膜　第 3 部分：电容器用双轴定向聚丙烯薄膜》和 GB/T 13542.6—2006《电气绝缘用薄膜　第 6 部分：电气绝缘用聚酰亚胺薄膜》是针对电容器专用的双轴定向聚丙烯（BOPP）薄膜和聚酰亚胺薄膜的国家标准。这些标准在上述测试方法的基础上，详细规定了不同材料电容薄膜在电气绝缘应用中的技术要求、测试方法及质量评定程序。上述标准为电气绝缘薄膜的性能评估提供了全面而系统的测试方法，为行业内的产品质量控制和技术研发提供了重要的技术支撑。

IEC 60871-1 是针对交流电容器的国际标准，特别用于电气设备中的薄膜电容器。此标准的主要目标是确保交流电容器的安全性和可靠性，提供生产、测试和标识的详细要求。IEC 60871-1 标准涵盖了交流电容器的设计、测试和检验要求。这些电容器通常应用于电力系统中，标准规定了电容器的额定值、测试程序以及在使用过程中必须遵循的安全要求。首先，标准要求电容器必须在额定电压和频率下稳定工作，并具备一定的耐压能力，即电容器应能够承受规定的冲击电压和过电压，而不会导致性能下降或失效。并规定了电容器内部绝缘材料的质量要求，标准确保绝缘材料具有足够的耐温性和耐湿性，以保证长期稳定的电气性能。除此之外，标准还对交流电容器的测试方法进行了详细说明，包括例行试验、型式试验和特殊试验。例行试验用于检查每个生产的电容器是否符合基本设计要求，如电容值、损耗角正切值和介质击穿强度。型式试验则用于验证新设计或重大变更后的电容器能否满足 IEC 60871-1 规定的性能要求，测试内容涵盖了温升试验、短路测试、绝缘测试等。IEC 60871-1 标准为交流电容器的设计、制造、测试和使用提供了全面的技术框架，确保这些设备在高压电力系统中的安全可靠运行。

IEC TS 60871-3：2023 是针对高压交流电容器的技术规范，进一步补充了 IEC 60871 系列标准中的内容，特别是涉及电容器组的设计、安装和操作的细节。该标准为电容器的安全运行和长期可靠性提供了重要的指导，并在电气工程领域中具有广泛的应用价值。

首先，IEC TS 60871-3：2023 标准对电容器组的安装和运行环境进行了严格规定，明确要求电容器组的安装应考虑环境温度、湿度、污染等级和海拔高度等因素，以确保设备在各种恶劣环境下的长期可靠性。标准还强调了电容器组的冷却要求和通风条件，这对于保持电容器的正常运行温度，防止因过热导致的性能下降或损坏至关重要。此外，还包含了对电容器组的测试和维护的指导意见，标准规定了在电容器组投入运行前、运行中以及运行后的各类电气和机械测试方法。这些测试旨在确保电容器组在整个生命周期内始终满足设计规范，并通过定期的维护和监测，及时发现和修复潜在问题，延长设备的使用寿命。总的来说，IEC TS 60871-3：2023 标准为交流电容器组的设计、安装、运行和维护提供了更全面的技术指导。该标准的实施将对提高电力系统的整体性能起到关键作用。

GB/T 17702—2021/IEC 61071：2017 是针对电力电子电容器标准化测试方法的标准，标准中对使用条件、质量要求及试验、过负荷、安全要求、标志和安全与运行导则等方面进行了详细的规定。并在质量要求与试验条款中详细地给出了电容器单元中每种试验应符合的试验要求，其中国标规定将试验分为例行试验和型式试验。例行试验包括：密封性试验、外观检查、端子间电压试验、端子与外壳间交流电压试验、电容和 $\tan\delta$ 测量及内部放电器件试验。按照要求，制造商应在交货之前对每台电容器进行例行试验，试验的顺序也应如上所示。型式试验包括：机械试验、端子间电压试验、端子与外壳间交流电压试验、冲击放电试验、自愈性试验、环境试验、损耗角正切（$\tan\delta$）测量、热稳定性试验、内部放电器件试验、谐振频率测量、耐久性试验、熔丝的隔离试验以及破坏试验。型式试验旨在验证电容器设计的完善性及电容器在按国标所述条件运行的适应性。除非另有规定，每台拟进行型式试验的电容器试品均应首先通过所有的例行试验。表 2-2 所示为端子间的试验电压，下面对两种类型的试验均进行详细的描述。

表 2-2 端子间试验电压

电容器类型	交流电容器（所有类型）	直流电容器	
		非自愈式	自愈式
交流试验电压（方均根值）	$1.5U_N$	—	—
直流试验电压	$2.15U_N$	$2U_{NDC}$	$2U_{NDC}$

注：如果电容器拟用于间歇工作或短时工作，则表中所示试验电压可以降低，其试验电压值可由制造商和用户协商确定。U_N 为额定电压，U_{NDC} 为额定直流电压。

在进行例行试验时，每台电容器均应承受环境温度下表 2-2 中的任一试验电压，历时 10s。在试验期间应既不发生永久性击穿也不发生闪络。允许有自愈性击穿，只要电压提高 10%，持续时间就可减少至 2s，在单元全部元件并联的情况下，只要电容偏差仍然满足，则允许有内部元件熔丝动作。

在进行型式试验时，电容器同样应承受表 2-2 中的任一试验电压，历时 1min。并在端子间电压试验之后应进行电容和 $\tan\delta$ 的测量。

上述标准为电力电子电容器的性能评估提供了标准化的测试方法，为提高行业内的产品的质量提供了重要的技术支撑，不仅确保了电容器产品的质量和安全性，还提高了各企业间的竞争力和产品的可比性。

在本章中，我们介绍了聚合物电容薄膜的制造、表征、性能测试方法及相关国家标准。每种制备方法都有其独特的优点。例如，溶液流延法易于加工，但不适合制备总厚度小于 5μm 的多层薄膜；静电纺丝法能够制备结构完整的多层聚合物纳米复合材料，但其过程较为耗时；熔融挤出法在工业大规模生产中应用广泛，但由于纳米填料团聚严重，不适用于纳米复合薄膜的制备。此外，新型结构表征手段有助于建立结构与性能之间的关系，尤其是需要进一步发展的原位表征方法。间接法和直接法都用于评估聚合物薄膜的电容性能。然而，在不久的将来，间接法的测试精度应该引起人们的重视。

·第3章·
室温聚合物薄膜

3.1 全有机聚合物薄膜

3.1.1 接枝和交联聚合物薄膜

提高聚合物薄膜室温储能性能的策略大致可以分为三类：调控分子链结构、掺杂功能填料和构筑多层结构。这些修改旨在提高薄膜的极化强度及电击穿强度，从而实现卓越的储能性能。表 3-1 总结了这些改性方法的储能性能。其中，调整分子链结构的改性方法由于其全有机性质、易于加工和良好的工业生产兼容性等几大优势而受到了广泛关注。

基于 PVDF 的铁电聚合物薄膜以其高介电常数而闻名，但其极大的极化损耗是一个显著缺点。为了解决这个问题，在主分子链上接枝具有刚性分子链和线性极化特性的功能团，以减少极化和传导损耗，并增强铁电聚合物的电击穿强度。聚甲基丙烯酸甲酯 (PMMA)[87,88]，聚甲基丙烯酸酯 (PEMA)[89-91] 和聚多巴胺甲基丙烯酰胺 (PDMA)[92] 可以作为接枝改性剂。图 3-1(a) 显示了通过预辐照和接枝制备接枝 P(VDF-TrFE)的过程，辐照过程诱导形成

表 3-1 接枝交联改性的全有机聚合物薄膜的储能性能

改性方法	材料	ε_r @1kHz①	$\tan\delta$ @1kHz	E_b /(MV/m)	U_e/ (J/cm^3)	η/%	参考文献
接枝铁电聚合物	P(VDF-CTFE)-g-PS(质量分数 30%)	—	—	450	≈4@400MV/m	100	[93]
	P(VDF-CTFE)-g-PS(质量分数 34%)	5	0.006	—	9@550MV/m	82.4	[94]
	P(VTrCT)-g-PVA (摩尔分数 23%)	12	0.14	534	13.6@500MV/m	63	[95]
	P(VDF-TrFE)-g-PEMA(质量分数 22%)	≈6	≈0.03	550	14@550MV/m	70	[89]
	P(VDF-TrFE-CTFE)-g-PEMA (质量分数 22%)	≈6.9	≈0.03	—	12@500MV/m	70	[91]
	P(VDF-TrFE-CTFE)-g-PEMA (质量分数 26%)	≈11.5	≈0.03	675	19.3@675 MV/m	83.4	[90]
	Irradiated-P(VDF-TrFE)-g-PMMA (质量分数 26%)	6.4	≈0.05	260	9.5@220MV/m	75	[87]
	PVDF-g-醌类聚合物 (质量分数 7%)	6.5	0.016	614	14@614MV/m	70	[96]
	P(VDF-TrFE-CTFE)-g-MS (质量分数 28%)	≈7.5	≈0.01	664	17@600MV/m	87	[88]
	P(VDF-HFP)-g-PDMA	18	≈0.2	859	33@859MV/m	—	[92]
接枝线性聚合物	P(St-MMA-MAA) (65/20/15)	4.2	0.01	700	14.5@700MV/m	93	[97]
	PDTC-HK511	5.8	0.012	780	11@645MV/m	>90	[98]
	TDI-EDR148	6.6	0.018	780	13@629MV/m	>90	
	BTDA-HK25	4.5	0.01	780	12@775MV/m	>90	

续表

改性方法	材料	ε_r @1kHz①	tanδ @1kHz	E_b /(MV/m)	U_e/（J/cm³）	η/%	参考文献
接枝线性聚合物	PBTANP50	15.7	0.015	344	4.4@270MV/m	86.4	[99]
	BOPP-g-OH	2.3	0.004	583.6	2.77@4.4kV	99	[100]
	PP-g-MA(体积分数 10%)	2.07	0.005	437.2	1.96@450MV/m	96	[101]
交联的聚合物薄膜	交联 P(VDF-CTFE)	9.9	0.03	≈614	≈17@400MV/m	83	[84]
	P(VDF0.53-ter-TrFE0.37-ter-VA0.1)-0.25x	—	—	—	2@150MV/m	82	[103]
	P(VDF-CTFE)	—	—	—	22.5@400MV/m	—	[105]
	ArTU-g-PDMS-35	≈6.2	≈0.025	410.7	3.15@350MV/m	87.5	[106]
	P(VDF-HFP)/GLC	≈11.5	≈0.06	748	37.7@750MV/m	71.2	[104]
	交联聚丙烯（c-PP)	3	—	645	5@645MV/m	—	[107]
内部应力控制分子链	P&F PVDF 薄膜	11	0.02	880	35@880MV/m	—	[50]
	P&F PVDF 薄膜	≈14	≈0.025	880	39.8@880MV/m	72.8	[108]

① 书中@表示在某种条件下。例如@1kHz，表示在 1kHz 条件下。

双键，作为接枝位点。接枝的 PMMA 可以有效地阻止 P(VDF-TrFE)大片层晶体的形成［图 3-1(b)］，并诱导类似线性的极化行为而不是铁电极化［图 3-1(c)］。

极化损耗的显著抑制导致放电密度增加至 9.5J/cm^3，效率为 75%，如图 3-1(d) 所示。此外，通过将 MMA 对极性晶体的约束能力与 St（苯乙烯）的良好绝缘性能相结合，由于 PMMA 侧链对 P(VDF-TrFE-CTFE)的极性晶体区域的约束和解耦效果，表现出反铁电性而非铁电行为。即使在高达 500MV/m 的高电场强度下，这种行为也能保持，导致放电能量密度高达 17J/cm^3，效率为 87%。此外，在 PVDF 为基础的主分子链上接枝 PEMA 可以诱导结晶障碍和极化约束，导致 P(VDF-TrFE)-PEMA（质量分数 22%）的高放电能量密度为 14J/cm^3，效率为 70%，而 P(VDF-TrFE-CTFE)-g-PEMA（质量分数 26%）的放电能量密度为 20J/cm^3，效率为 83.4%。接枝改性还可以增强电击穿强度，Mojtaba Rahimabady 及其同事在 P(VDF-HFP)-g-PDMA 中发现具有 850MV/m 的超高击穿强度。这种增强的击穿强度归因于 PDMA 中高度极化的羟基团以及含儿茶酚的接枝共聚物对金属电极的增强粘接结合。

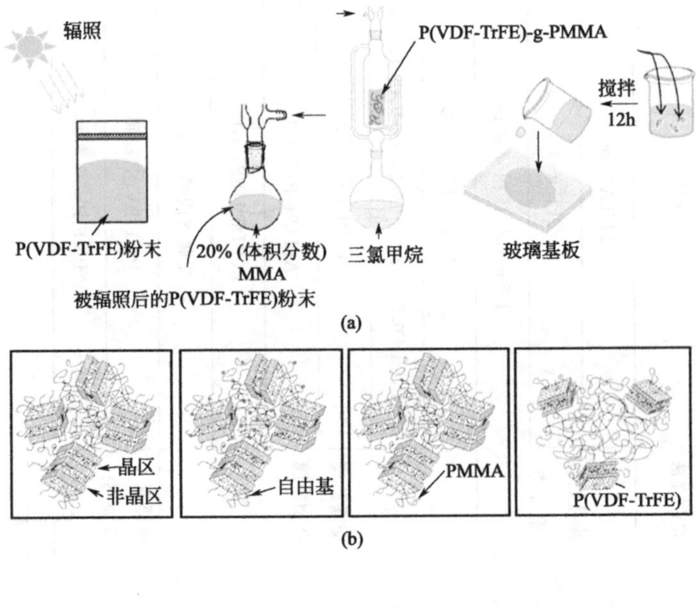

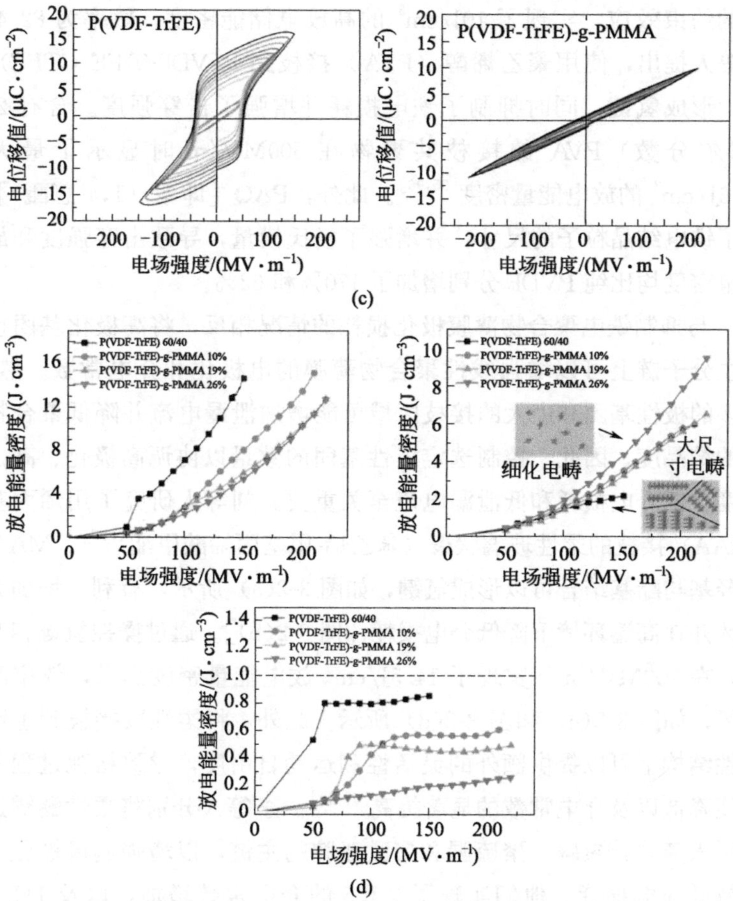

图 3-1　P(VDF-TrFE)-g-PMMA 薄膜

(a) 制造过程示意图；(b) 接枝聚合物 P(VDF-TrFE)-g-PMMA 晶体尺寸和含量均减小的示意图；(c) 双极电滞回线；(d) 储能特性

除了之前提到的接枝基团之外，还有其他接枝单体，如聚苯乙烯(PS)、聚乙烯醇（PVA）和聚（1,4-蒽醌）已被用于接枝到基于 PVDF 的薄膜的分子链上。关等人将聚苯乙烯（PS）链接枝到 P(VDF-CTFE) 铁电聚合物的主分子链上[93,94]，其中 PS 被隔离到 P(VDF-CTFE) 的晶相中，形成一个介电束缚层，环绕 P(VDF-CTFE) 分子链，抑制了铁电畴的长程有序耦合，并且减少了空间电荷。由于接枝 PS 产生的约束效应，实现了 10J/cm^3 的高放电储能密度，效率为 82.4%。张等人提出，使用聚乙烯醇（PVA）接枝到 P(VDF-TrFE-CTFE) 链上，形成氢键，同时抑制了铁电损耗并增强了击穿强度。含有 23%（摩尔分数）PVA 的接枝共聚物在 500MV/m 时显示了最大的 13.6J/cm^3 的放电能量密度[95,96]。此外，PAQ［即聚（1,4-蒽醌)］减少了铁电结晶粒子的尺寸，并增强了杨氏模量，导致击穿强度和放电能量密度均比纯 PVDF 分别增加了 170%和 62%。

与抑制铁电聚合物薄膜极化损耗的情况相反，将高极化基团接枝到主分子链上可以增强线性聚合物薄膜的电极化和介电常数。然而，过多的极性基团和庞大的接枝区域可能增加泄漏电流并降低聚合物薄膜的结晶度。因此，控制选定极性基团的数量以协调高极化、高击穿强度、低介电损耗和低泄漏电流至关重要。刘等人研究了用烯丙基醇（MAA）接枝的柔性玻璃状聚（苯乙烯-甲基丙烯酸甲酯）[97]。MAA 上的羟基与酯基结合可以形成氢键，如图 3-2(a) 所示，有利于增加介电常数并在高温环境下降低介电损耗［图 3-2(b)］。通过操控氢键相互作用，在 700MV/m 下实现了 14.5J/cm^3 放电能量密度提升，效率高达 93%，如图 3-2(c) 和图 3-2(d) 所示。此外，将柔性段接枝到主链的刚性结构上可以提供额外的灵活性和运动自由度，导致松弛过程的活化能降低以及介电常数的显著提高[98,99]。李等人分别将柔性醚键连接段引入芳香族聚脲、聚硫脲和聚酰亚胺的主链，以增强偶极极化同时保持低介电损耗。他们实现了＞1.5 的介电常数增加，以及 11J/cm^3 的放电能量密度和 90%的充放电效率[98]。

接枝改性也可以用来增强商用 BOPP 薄膜的介电性能。使用光催化氧化方法将硫酸铵衍生的—OH 基团接枝到 BOPP 表面，形成可以捕获来自电极的注入载流子的深陷阱，从而提高介电常数和储能密度[100]。Chen 等人证明，马来酸酐接枝聚丙烯（MA-g-PP）被混合形成混合膜[101-105]。在 1kHz 时，体积分数 10%和 40%的 MA-g-PP/PP 混合膜的相对介电常数分别从 1.72 增加到 2.07 和 2.43，但击穿强度随 MA 接枝含量的增加逐渐减小。在 10%（体积分数）MA-g-PP/PP 混合膜中，最大放电能量密度达到 1.96J/cm^3，充放电效率约为 96%。

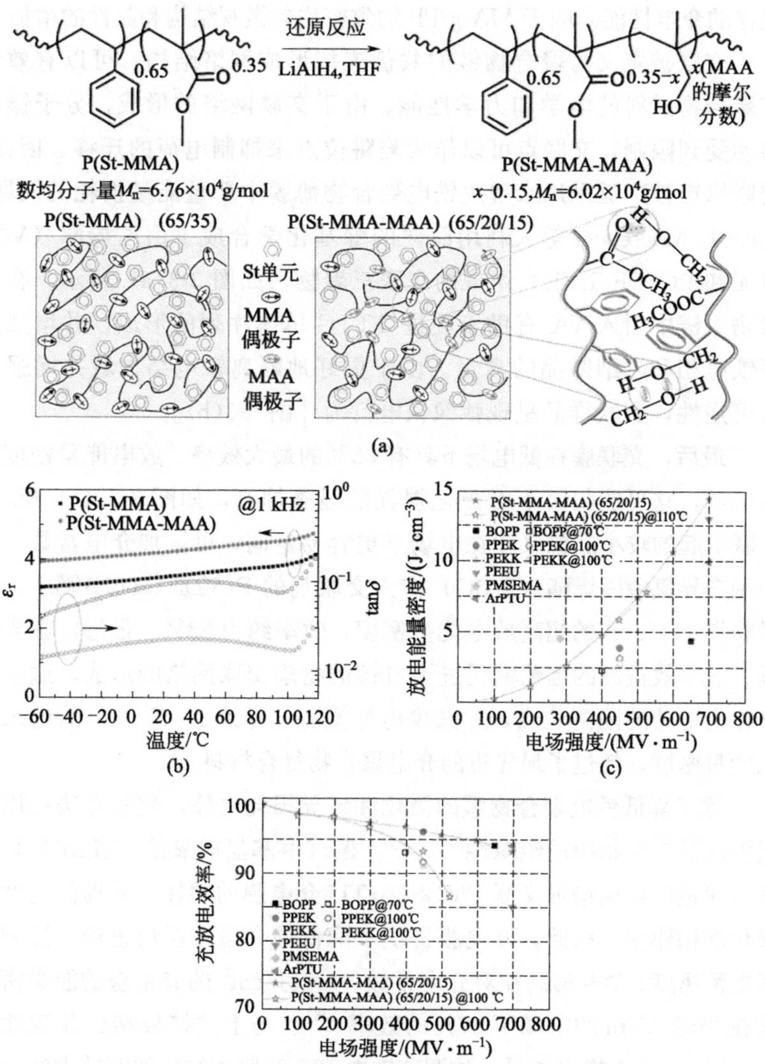

图 3-2 文献［97］的研究结果

(a) 通过 $LiAlH_4$ 还原 P(St-MMA)合成 P(St-MMA-MAA) 三元共聚物原理图以及 P(St-MMA)和 P(St-MMA-MAA)的分子形态示意模型。黑线为聚合物骨架，绿色和红色虚线分别代表酯基和羟基之间以及三元共聚物中羟基之间形成的氢键；(b) P(St-MMA-MAA)已报道的线性电介质性能对比图；(c) 放电能量密度；(d) 充放电效率改善的介电性能归因于 MA-g-PP 的致密均匀微观结构和晶性的增加。

交联被定义为聚合物链的共价连接形成网络结构，可以有效调节聚合物材料的电学和力学性能。由于交联网络的形成，分子链的移动受到限制，交联点可以作为陷阱位点来抑制电荷的迁移。因此，交联修饰被广泛采用来解决铁电聚合物薄膜中严重能量损耗的问题。Niels L. Meereboer 等人利用简便的脲基化学合成了由乙烯醇（VA）单元和 P(VDF-TrFE）组成的交联三聚物，如图 3-3(a) 所示。在三聚物主链中引入 VA 有助于促进 TTTG 单体序列的形成，并增加无序铁电相和超细微晶的含量。由于更好地隔离铁电结构域并增强偶极可逆性，交联样品呈现弛豫铁电行为［图 3-3(b)］。

最后，交联膜在低电场下具有 82%的最大效率，放电能量密度为 $2J/cm^3$，这可能归因于对极化损耗的显著抑制，如图 3-3（c）所示。交联引起的较小晶粒尺寸在电场下更容易定向，可增加介电常数，在使用三异氰酸丙烯酯（TAIC）作为交联剂的 P(VDF-CTFE)膜中，可以获得 $17J/cm^3$ 的超高放电能量密度，效率约为 83%。最近，富含羟基、成本效益高的葡萄糖促进了氢键的物理交联网络的形成，这些网络作为电荷的陷阱位点，并减少电导损耗，导致 $37.7J/cm^3$ 的记录放电能量密度，超过了最先进的介电聚合物复合材料。

除了降低铁电聚合物膜的极化和传导损耗之外，交联方法还用于增强线性聚合物膜的绝缘性[106,107]。聚（甲基氢硅氧烷）(PMHS）的硅氧烷链段可以增强交联 PMGS-ArTU 介电膜的柔性，并提供高度可极化的构建块。因此，介电膜提供了降低的介电损耗角正切、抑制的漏电流密度、>6 的高相对介电常数、$3.15J/cm^3$ 的有希望的能量密度和在 350MV/m 的电场下 87%的效率[106]。与上述接枝和交联改性相比，Meng 等人提出了另一种调节铁电 PVDF 膜相结构的有效方法。这是一种简单的压制和折叠过程，不需要任何有害气体、溶剂、电或化学处理，可以生产具有弛豫行为的 β-PVDF（β 相含量：约 98%），能量密度为 $35J/cm^3$，效率高达 74%[50]。使用内应力来设计极性纳米结构和微晶的优选面内取向，导致在高电场强度下具有高极化可逆性的极性纳米结构。在 880kV/mm 的超高电场强度下获得了 $39.8J/cm^3$ 的可放电能量密度[108]。

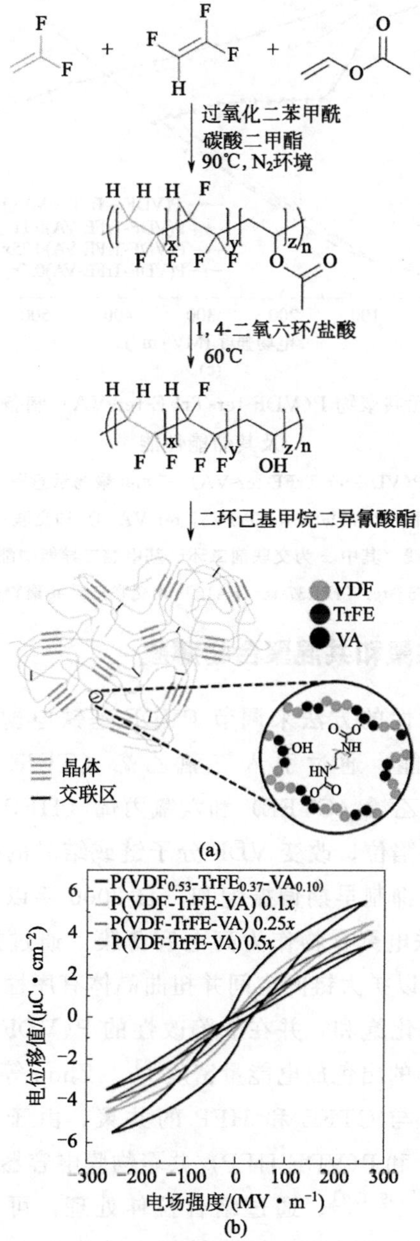

图 3-3

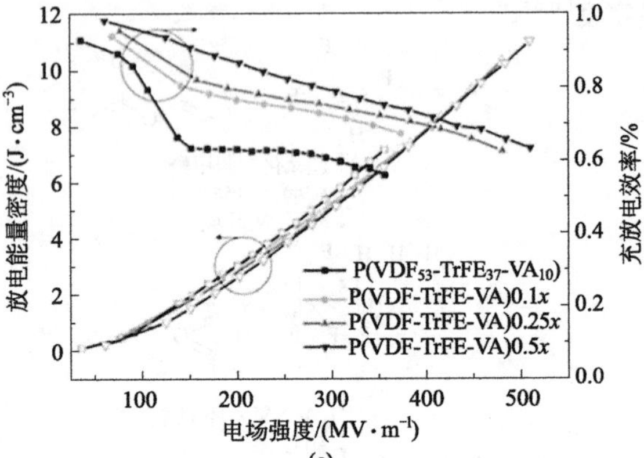

(c)

图 3-3 三元共聚物 P(VDF-ter-TrFE-ter-VA) 制备流程示意图及其储能性能

(a) 化学交联制备 P(VDF-ter-TrFE-ter-VA) 三元共聚物示意图；(b) 由于物理钉扎和化学交联的作用，P(VDF53-ter-TrFE37-ter-VA10) 和交联三元共聚物显示出纤细的电滞回线（其中 x 为交联剂二环已基甲烷二异氰酸酯的摩尔分数）；(c) P(VDF53-ter-TrFE37-ter-VA10) 和交联三元共聚物的储能特性

3.1.2 共聚和共混聚合物薄膜

采用共聚改性的方法来调节 PVDF 基铁电薄膜的极化行为，提高其储能性能。通过引入三氟乙烯（TrFE)、三氟氯乙烯（CFE)、三氟氯乙烯（CTFE）和六氟丙烯（HFP）等大体积共聚单体作为分子缺陷位，改变 VDF 分子链或结晶的微观结构，可以降低偏振耦合，抑制早期偏振饱和。自 2006 年以来，Chu 等人开发了 PVDF 基铁电聚合物作为高电容薄膜。通过掺入具有较大尺寸的 CTFE，可以扩大链间空间并扭曲晶体有序性，这避免了在低电场下的过早极化饱和，并在缺陷改性的 P(VDF-CTFE) 共聚物中产生 17J/cm^3 的出色放电能量密度[83]。Zhou 等人进一步研究了分别使用 VDF 与 CTFE 和 HFP 的共聚。由于弛豫铁电行为，P(VDF-CTFE) 和 P(VDF-HFP) 共聚物膜电容器的放电能量密度均达到 25J/cm^3[109,110]。通过结合拉伸处理，可以调节 P(VDF-HFP) 二聚物膜的晶体取向和相结构，并且由于 CF_2 偶极矩诱导

的大极化率而实现高介电常数和高电能密度[111,112]。

与PVDF基共聚物相比，PVDF总是表现出更突出的铁电弛豫行为、高介电常数和低的介电极化[113-117]。如图3-4所示，通过将7%～8%（摩尔分数）的CTFE或CFE的大体积共聚单体掺入P(VDF-TrFE)共聚物中，链间距离显著扩大。形成的钉扎点不仅可以将大晶体钉扎成小晶体，而且可以保证偶极子自由旋转，从而导致弛豫行为。然而，P(VDF-TrFE-CTFE)和P(VDF-TrFE-CFE)的磁滞回线彼此不同，这一现象可能归因于CTFE尺寸大于CFE而可以提供更强的钉扎力，从而导致施加/移除电场后的不可逆极化旋转[115]。

共混改性不同于共聚改性，它是在聚合物母体中引入第二种均相或非均相聚合物，通过调控共混组分的本征性质及其耦合作用，来改善聚合物的电储能性能。共混聚合物可分为均相共混物和非均相共混物，均相共混物是指共混物中的两种组分具有相似的分子结构，如将PVDF与P(VDF-HFP)共聚物和P(VDF-TrFE-CFE)三元共聚物共混[118-125]。相比之下，非均相共混物包括将两种具有不同分子结构或性质的聚合物共混，例如将线性PMMA与铁电PVDF共混[118-125]。

Rahimabady等人首次引入了铁电-铁电聚合物的均匀共混物，他们研究了通过掺入PVDF和VDF低聚物的长链和短链，将VDF低聚物与PVDF共混的用途。随着PVDF含量的增加，介电常数逐渐降低，杨氏模量和电击穿强度逐渐增加，这是由于PVDF独特的共混结构，具有显著的高结晶度和致密的刚性非晶相。这导致了高达27.3J/cm^3的大电能密度[118]。虽然P(VDF-TrFE-CFE)三元共聚物具有>50的高相对介电常数，但早期饱和极化不利于获得高能量密度。通过将P(VDF-TrFE-CFE)与PVDF共混，由于连续相和分散相之间的作用交换，可以大大抑制电介质的早期饱和，从而使放电能量密度达到19.6J/cm^3[119]。

除了将PVDF均聚物与其共聚物或三元共聚物共混之外，一些研究还集中于将共聚物与三元共聚物共混。Ulah等人发现，通过共混60%(质量分数)，由于结晶度和界面耦合的影响，P(VDF-TrFE-CFE)

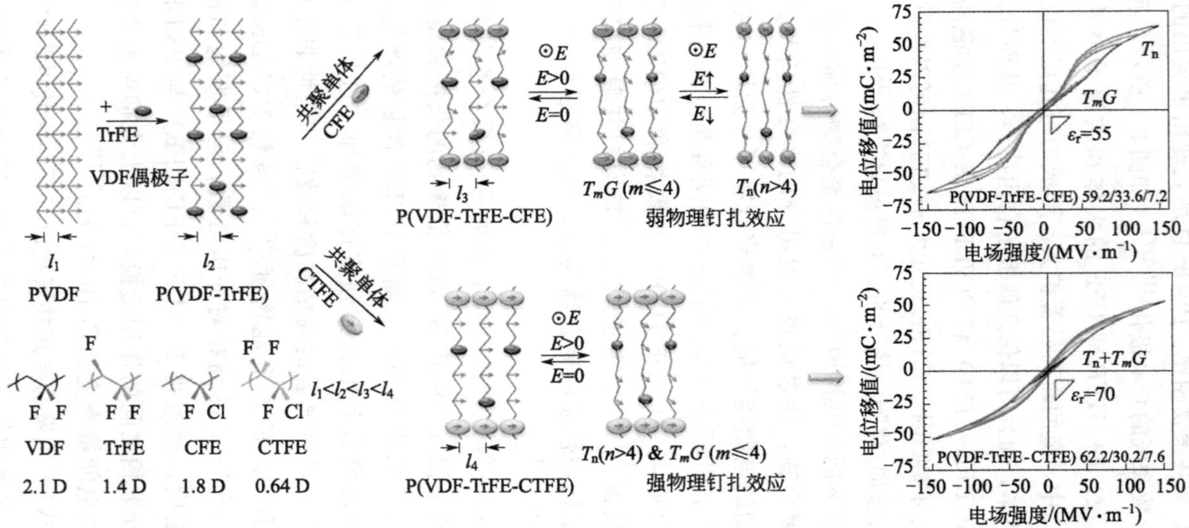

图 3-4 P(VDF-TrFE-CFE) 和 P(VDF-TrFE-CTFE) 三元共聚物晶体中的弱物理钉扎和强物理钉扎效应示意图

与P(VDF-TrFE)共聚物发生交联[120]。类似地，将P(VDF-HFP)作为缺陷与P(VDF-TrFE-CFE)晶体混合可以改善弛豫特性并减少正常铁电β相，导致6.58J/cm^{3}的放电能量密度[121]。此外，通过熔融挤出和单轴拉伸制备的P(VDF-TrFE-CTFE)/P(VDF-HFP)(50%/50%，质量分数)共混物表现出强相互作用和降低的微晶尺寸，在600MV/m下实现21.9J/cm^{3}的高能量密度[122]。

从表3-2可以看出，尽管铁电聚合物的非均相共混可以提高放电能量密度，但是在高电场强度下实现高效率仍然是铁电电容器应用的主要关注点。与均相共混聚合物相比，非均相共混聚合物通过将线性聚合物引入铁电聚合物而得到了更多的关注。共混聚合物之间的分子间相互作用及其各自的性能对降低极化损耗、提高储能性能有重要作用。

几种类型的线性聚合物，如PMMA[29,126-129]，ArPTU[130-134]，PP[135,136]，PAIN[137]，已成功地与铁电聚合物共混，以抑制极化损耗并提高储能效率。聚甲基丙烯酸甲酯(PMMA)与PVDF基聚合物可形成互溶共混物，通过添加不同量的PMMA可以调节共混聚合物的极化响应和击穿强度。研究发现，通过将50%(体积分数)的PMMA掺入到PVDF中，由于PMMA相的线性极化特性，在570kV/mm下实现了20.1J/cm^{3}的优异储能密度，效率为63.5%[29]。PMMA与PVDF基铁电聚合物具有良好的相互作用和相容性，通过增加PMMA含量可以降低相对介电常数和介电损耗[如图3-5(a)和图3-5(b)所示]。特别值得注意的是，P(VDF-HFP)和PMMA的共混物界面处的范德华力、氢键和链缠结作用导致与纯P(VDF-HFP)相比更细的环[图3-5(c)和图3-5(d)]。在475MV/m的电场下，该共混物的放电效率也达到85.8%，放电密度为11.2J/cm^3[图3-5(e)和图3-5(f)][126]。另外，由于PMMA具有较高的弹性模量，因此与PMMA共混可以提高铁电聚合物的绝缘性能。通过向P(VDF-TrFE-CFE)共聚物中添加少量PMMA，可提高共混物的弹性模量，从而获得733MV/m

的最佳击穿强度[127,128]。

芳香族聚硫脲（ArPTU）是另一种可以与PVDF基铁电聚合物共混的线性聚合物。ArPTU的击穿强度为1.1GV/m，介电损耗低，储能性能优异[130,131]。将ArPTU与PVDF共混可显著抑制PVDF的早期极化饱和，导致电击穿强度显著增加至700MV/m。此外，混合导致的β相含量增加和晶粒尺寸减小有助于83%的高效率[132]。通过将ArPTU混合到P(VDF-TrFE-CTFE) PTFE中，由于电阻率和结构变化的增强，实现了19.2J/cm^{3}的最大放电能量密度和85%的高效率[133]。

除了如上所述将铁电聚合物与线性聚合物共混之外，还有几项研究集中在与不同线性聚合物的共混物上[138-142]。Ahmad等人将聚酰亚胺（PI）与10%（质量分数）ArPTU混合，由于形成限制电荷移动的界面陷阱，PI薄膜的电击穿强度显著改善[138]。聚砜（PSF）具有相对高的介电常数和良好的机械柔性。具有40%（质量分数）PSF的PI/PSF共混物表现出6.4的改善的相对介电常数和0.0155@1kHz的抑制的介电损耗，152.2kV/mm的高E_b[139]。此外，聚［双(4-氰基苯基)2-乙烯基对苯二甲酸酯］（PBCN）可以捕获电荷并抑制电荷的长距离迁移，从而提高击穿强度，放电储能密度为2.16J/cm^3，效率值为90%在聚苯乙烯（PS）共混物中[140]。与单一聚合物相比，均相或非均相共混改性对分子链或晶体结构都有深刻的影响。线性聚合物与铁电聚合物共混是一种有效抑制早期饱和极化和极化损耗、提高电击穿强度、获得优异储能性能的方法。

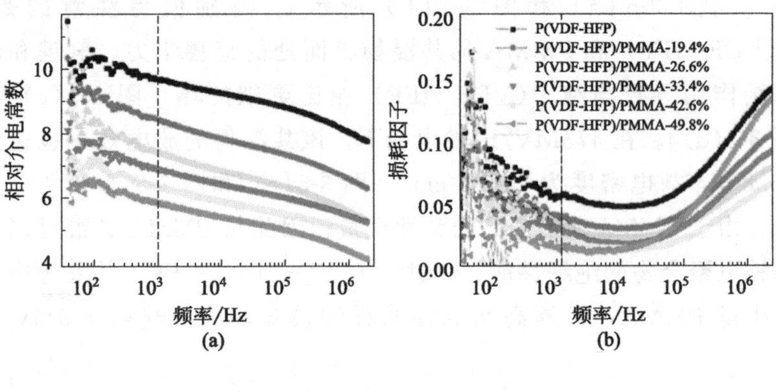

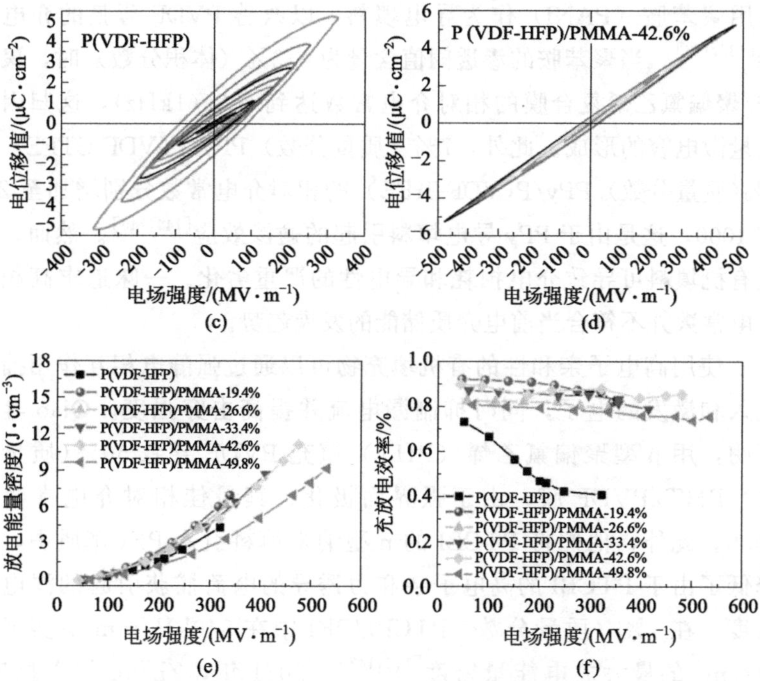

图 3-5　P(VDF-HFP)/PMMA 共混薄膜

(a) P(VDF-HFP)/PMMA 共混薄膜相对介电常数随频率的变化关系；(b) P(VDF-HFP)/PMMA 共混薄膜损耗因子随频率的变化关系；(c) P(VDF-HFP) 薄膜和 (d) P(VDF-HFP)/PMMA 共混薄膜的电滞回线；(e) P(VDF-HFP)/PMMA 共混薄膜的放电能量密度随电场的变化关系；(f) P(VDF-HFP)/PMMA 共混薄膜充放电效率随电场的变化关系

PMMA-x%表示 PMMA 的体积分数为 x%

3.1.3　掺杂有机填料聚合物薄膜

有机填料掺杂聚合物薄膜由于具有易加工、有机填料与聚合物基体相容性好、成膜性和柔韧性好等优点而受到广泛关注。在有机填料的掺杂和两相共混之间没有明确的界限。两者的显著区别在于第二相的掺杂导致了可见的界面，这是由于填料与基体的不相容性造成的。根据有机填料的不同性质，它们可以人致分为导电填料[137,143-145]、半导电（半导体）填料[146-148] 和绝缘填料[48,149-153]。

导电填料的添加通常用于提高聚合物膜的介电常数。Yuan 等人采用聚苯胺（PANI）作为导电填料，以改善 PVDF 薄膜的介电性能[137,143]。当聚苯胺的渗透阈值含量为 4.2%（体积分数）时，聚苯胺/聚偏氟乙烯复合膜的相对介电常数达到 385（1kHz），这归因于大量微电容的形成。此外，7%（质量分数）PPy/P(VDF-CTFE）和 8%(质量分数）PPy/P(VDF-TrFE）的相对介电常数分别增加至 200 和 1000，这是由于 PPy 导电填料引起的逾渗效应[144,145]。然而，导电有机填料可导致介电损耗和导电性的严重劣化。一味追求高相对介电常数并不符合当前电介质储能的发展趋势。

使用高电子亲和性的有机填充物可以通过强静电相互作用捕获注入和激发的电子，同时抑制漏电流并提高击穿强度。Qiao 等人证明，用 p 型聚偏氟乙烯（PHT）填充 PVDF 导致 50%(质量分数）PHT/PVDF 膜，由于强界面极化，其最佳相对介电常数为 35.5。此外，他们将 PTCBI 的 n 型纳米填料引入 PEI 基质中，这降低了由于 PTCBI 的高电子亲和力诱导的电荷捕获引起的漏电流密度，在 1%（质量分数）PTCBI/PEI 中在 540kV/mm 下实现了 8J/cm^3 的最大放电能量密度[146,147]。2021 年，Zhang 等人报道，将有机分子半导体 PCBM 掺杂到 PVDF/PMMA 共混物中，由于与自由电荷载流子的强静电相互作用，提高了击穿强度，实现了 21.89J/cm^3 的最佳放电能量密度，效率为 70.34%[148]。但是，半导电有机填料的填充量应严格控制，以避免本征电子激发现象。

绝缘有机填料不同于导电或半导电有机填料，它不仅可以调节材料的极化特性，而且可以提高材料的电击穿强度。例如，Cui 等人构建了一种类似于钢筋混凝土的新颖结构，其中 PVDF 铁电纤维嵌入 PMMA 线性基质中。通过调节同轴纺丝的推进比可以控制 PMMA 和 PVDF 的含量比。一旦热压温度达到 120℃，PMMA 壳层熔化并转化为连续基质相，而 PVDF 仍保持纤维形状作为填料相，如图 3-6（a）所示。大量的 PMMA/PVDF 微界面有利于增强界面极化，提高击穿强度。钢筋混凝土结构赋予 PMMA/PVDF 全有机膜 17.7J/cm^3 的更高放电能量储能密度和 73%的效率，与混合物和夹层膜相比［如图 3-6（b）所示］[48]。此外，由于有机填料聚（丙烯腈丁二烯苯乙烯）（ABS）和丙烯腈丁二烯橡胶（NBR）的介电损耗低、绝缘性好，可将其填充到铁电聚合物基体中，以降低极化损耗，缓解局部电场畸变[149-151]。

最有前景的全有机介电聚合物薄膜的改性方法包括分子接枝、共聚、共混和掺杂有机填料。图 3-7 显示了这些改性方法的比较。显然，聚合物薄膜的分子链调制提供了 39.8J/cm^3 的放电能量密度，远远高于通过共混或填充策略实现的放电能量密度。然而，全有机聚合物薄膜的理论研究还没有无机填料改性聚合物薄膜那么发达。这方面的更多研究将在不久的将来为大规模生产和提高储能性能做出重大贡献。表 3-2 展示了通过共聚和共混改性的代表性全有机聚合物薄膜的储能性能。

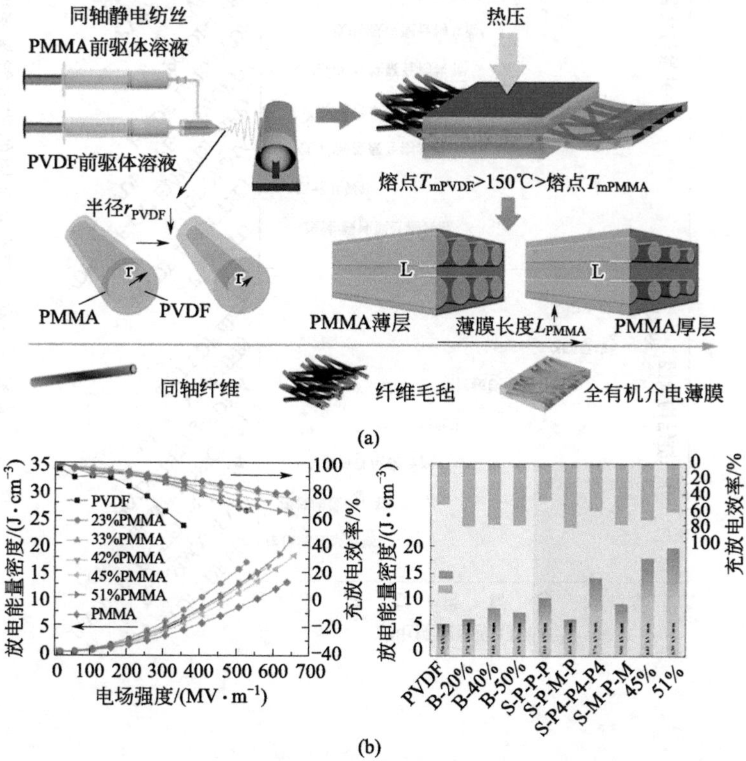

图 3-6　PMMA/PVDF 全有机复合薄膜制备流程示意图及其储能性能

(a) 通过同轴静电纺丝和热压工艺制备 PMMA/PVDF 全有机介电薄膜的示意图；

(b) PMMA/PVDF 薄膜的储能特性

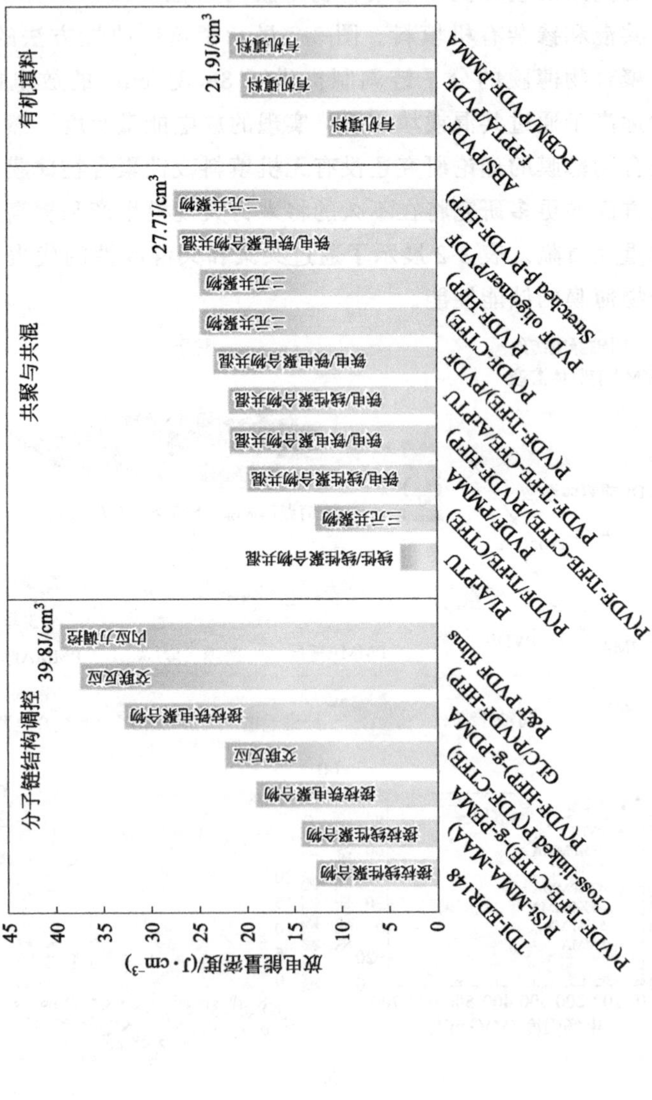

图 3-7 室温下全有机聚合物薄膜的放电能量密度对比图

表 3-2 典型全有机聚合物薄膜的共聚和共混改性的储能性能

	聚合物基体	填料	掺杂含量	ε_r @1kHz	$\tan\delta$ @1kHz	E_b /(MV/m)	U_e/(J/cm^3)	η/%	参考文献
共聚物	P(VDF-CTFE)		91%/9%(摩尔分数)共聚物薄膜	—	—	—	17@575MV/m	—	[83]
	P(VDF-CTFE)		91%/9%(摩尔分数)共聚物薄膜	13	0.03	618	25@600MV/m	—	[109]
	P(VDF-HFP)		95.5%/4.5%(摩尔分数)共聚物薄膜	≈12	—	700	≈25@700MV/m	—	[110]
	拉伸-P(VDF-HFP)		96%/4%(摩尔分数)共聚物薄膜	12.2	0.3		13.5@560MV/m	54	[111]
	拉伸 β-P(VDF-HFP)		95.5%/4.5%(摩尔分数)	—	—	≈900	27.7@900MV/m	—	[112]
三元共聚物	P(VDF/TrFE/CTFE)		65.6%/26.7%/7.7%	65	—	500	13@500MV/m	60	[113]
	P(VDF/TrFE/CTFE)		58.4%/34.2%/7.4%	—	—	300	4@300MV/m	40	[113]
	P(VDF-TrFE-CFE)		63%/37%/7.5%	≈50	≈0.01	—	10@400MV/m	—	[114]

续表

	聚合物基体	填料	掺杂含量	ε_r @1kHz	$\tan\delta$ @1kHz	E_b /(MV/m)	U_e/(J/cm^3)	η/%	参考文献
均匀相混合	PVDF 低聚物/PVDF		80%/20%	5	—	820	27.3@820MV/m	67	[118]
	P(VDF-TrFE)/PVDF		30%/70%	11	0.02	609	23.6@636MV/m	65	[124]
	P(VDF-CTFE)/ECTFE		66.7%/33.3%	7.2	≈0.02	500	4.3@300MV/m	95.2	[123]
	P(VDF-TrFE-CFE)/PVDF		60%/40%	35	0.05	665.1	19.6@640MV/m	<60	[119]
	P(VDF-TrFE-CFE)/PVDF		20%/80%	≈13	≈0.05	480	13.63@480MV/m	84	[125]
	P(VDF-TrFE)/P(VDF-TrFE-CFE)		50%/50%	42	0.12	125	4.2@125MV/m	—	[120]
	P(VDF-HFP)/P(VDF-TrFE-CFE)		1∶9	35	—	250	6.58@250MV/m	—	[121]
	P(VDF-TrFE-CTFE)/P(VDF-HFP)		50%/50%（质量分数）	≈20	≈0.05	600	21.9@600MV/m	60	[122]
	PVDF	PMMA	50%/50%（体积分数）	5.2	<0.05	570	20.1	63.5	[29]
	P(VDF-HFP)	PMMA	57.4%/42.6%（体积分数）	6.5	0.25	475	11.2@475MV/m	85.8	[126]
非均匀相混合（铁电/线性）	P(VDF-TrFE-CFE)	PMMA	97.5%/2.5%（质量分数）	≈40	≈0.08	314	5@250MV/m	83.6	[127]
	P(VDF-TrFE-CFE)	PMMA	60%/40%（质量分数）	5	≈0.04	733	10.672@200MV/m	90.2	[128]
	P(VDF-TrFE-CFE)	PMMA	85%/15%（质量分数）	≈15	≈0.05	525	9.3@520MV/m	73	[129]
	PVDF	ArPTU	90%/10%（质量分数）	9.2	0.02	700	10.8@650MV/m	83	[132]
	PVDF-TrFE-CTFE	ArPTU	15%/85%（质量分数）	11.3	0.01	707.2	19.2@700MV/m	85	[133]
	PVDF-TrFE-CFE	ArPTU	90%/10%（质量分数）	30	≈0.02	407.6	22.06@407MV/m	72	[134]

续表

	聚合物基体	填料	掺杂含量	ε_r @1kHz	tanδ @1kHz	E_b /(MV/m)	U_e/(J/cm³)	η/%	参考文献
非均匀相混合（线性/线性）	PI	ArPTU	90%/10%（质量分数）	4.52	0.003	443	4@443MV/m	—	[138]
	PI	PSF	60%/40%（质量分数）	6.4	0.155	152.2	0.64@152.2MV/m	—	[139]
	PI	LNBR	95%/5%（质量分数）	4.79	0.0075	303.59	1.95@303.59MV/m	—	[140]
	PBCN	PS	30%（质量分数）	5.8	0.001	264	2.16@295MV/m	90	[141]
有机掺杂	PVDF	PANI	4.2%(体积分数)	283	0.05	60	6.1@60MV/m	—	[137]
	P(VDF-CTFE)	PPy	7.4%（质量分数）	≈200	0.4	—	—	—	[144]
	PEI	PTCBI	1%（质量分数）	≈4.5	≈0.02	485	8@540MV/m	56	[147]
	PVDF-PMMA	PCBM	0.9%（质量分数）	≈5	≈0.035	685.67	21.89@685.67MV/m	70.34	[148]
	PVDF	PMMA	45%（质量分数）	5.2	<0.06	640	17.7	73	[48]
	PVDF	ABS	40%（质量分数）	≈6.8	≈0.04	463	11.58@450MV/m	77	[149]
	PVDF	ABS	50%（质量分数）	≈5.2	≈0.015	410	5.7@400MV/m	82	[150]
	PVDF	PVA	5%（质量分数）	9.5	0.03	336.9	4.6@336.9MV/m	57.1	[152]
	P(VDF-HFP)	NBR	2%（质量分数）	≈10	≈0.06	510	11.3@510MV/m	73.28	[151]
	PC	PVDF 纳米片	—	5.3	0.006	—	—	—	[142]
	PVDF	f-PPTA	2%（质量分数）	≈14	≈0.025	629	20.7@629MV/m	75	[153]

3.2 无机/有机纳米复合材料

3.2.1 零维无机填料

在过去的二十年里，无机填料凭借其显著的界面效应而被广泛应用于聚合物基纳米复合材料的介电储能性能改性。无机填料按尺寸和形状大致可分为零维（0D）、一维（1D）和二维（2D）填料，比如球形纳米颗粒、纳米纤维和纳米片。无机球形纳米颗粒由于易于加工，是最早被采用的无机填料，它可以在无机填料与聚合物基体之间产生巨大的界面，增强纳米复合材料的极化。然而，0D 纳米颗粒的团聚和分散仍然是降低介电性能的关键问题，特别是在掺杂含量极高的情况下。因此，提出了对 0D 填料进行表面改性，以减少团聚现象，提高填料与聚合物基体的相容性。

其中最有利的表面改性剂是聚多巴胺（PDA），它不仅能促进纳米颗粒的均匀分散，还能增强纳米颗粒与聚合物基体之间的界面黏附[154-157]。例如，Huang 等人用 PDA 层包裹 $BaTiO_3$ 纳米粒子，设计了一种草莓状的核壳结构。表面修饰不仅促进了 $BaTiO_3$ 纳米颗粒在 PVDF 基体中的均匀分散，而且增强了纳米颗粒与聚合物基体之间的界面黏附性，与未修饰的纳米颗粒相比，储能性能显著提高[154,155]。除 PDA 外，其他有机表面改性剂如聚乙烯吡咯烷酮（PVP）、乙丙二烯单体（EPDM）、环氧树脂和 PMMA 等也可用于改善 0D 无机填料的分散性[158-161]。Zheng 等人研究了利用 EPDM 对 $BaTiO_3$ 纳米颗粒表面进行修饰，发现在适当厚度的 EPDM 壳层中引入 EPDM@$BaTiO_3$ 不仅可以提高介电常数，还可以提高纳米复合材料的击穿强度[159]。除了改性壳层的厚度外，电学性能对纳米复合材料的介电性能也有显著影响。图 3-8(a) 显示了通过表面引发可逆加成-破碎（RATF）方法将不同极性的有机改性剂用作 $BaTiO_3$ 纳米颗粒的壳层。当低极性 PMMA 作为壳层时，与高极性有机改性剂（如 PGMA 和 PMSEMA）相比，所得纳米复合材料的介电损耗得到抑制，击穿强度得到提高，如图 3-8(b)

和图 3-8(c) 所示。在相同负载含量下，PMMA@BT 纳米复合材料的最大电荷能量密度为 12.6J/cm^3，最大放电能量密度为 8.5J/cm^3，效率为 70% [图 3-8(e)～图 3-8(f)][161]。

虽然有机改性剂可以改善 0D 纳米颗粒在聚合物基体中的相容性和分散性，但 0D 纳米颗粒与聚合物基体之间的介电失配仍然是一个关键问题。为了解决这个问题，使用具有适当介电常数的无机改性剂作为壳层，来减少高介电填料与聚合物基体的介电失配[162-166]。Zhang 等人提出通过在 $BaSrTiO_3$ 纳米填料上生长无定形 SiO_2 壳层

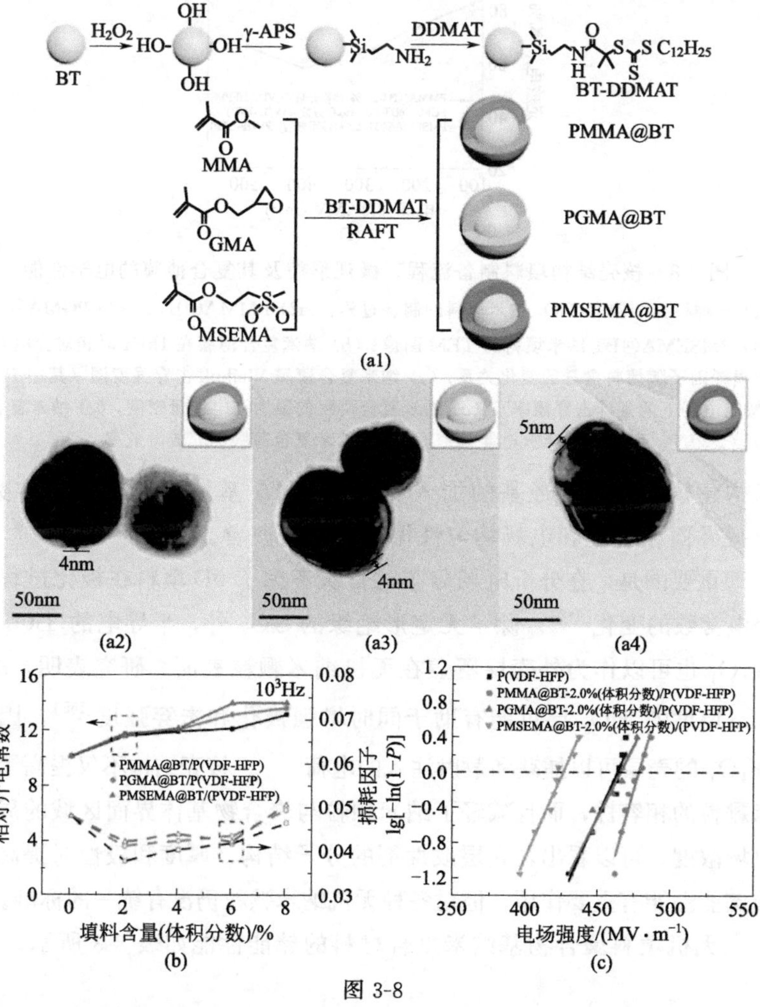

图 3-8

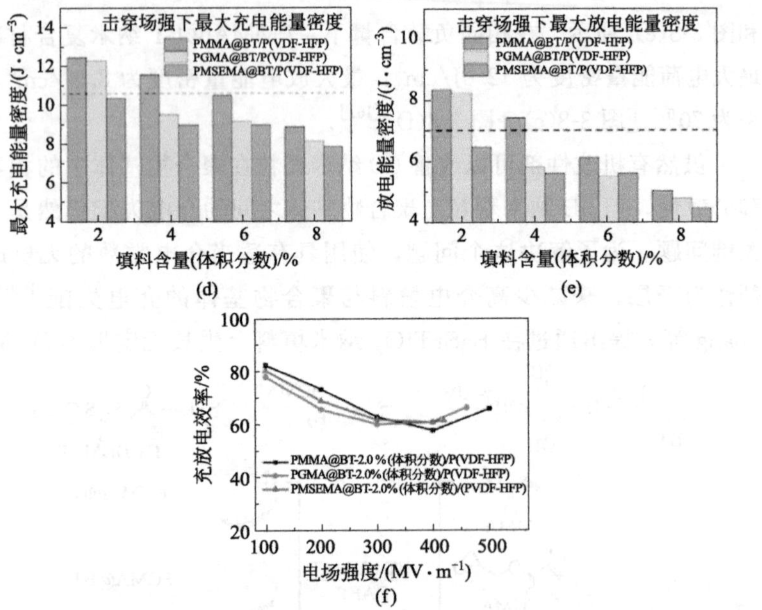

图 3-8 核壳结构填料制备流程、微观形貌及其复合薄膜的电学性能

(a1) 三种核壳结构 $BaTiO_3$ 纳米填料的制备过程；(a2) PMMA@BT、(a3) PGMA@BT、(a4) PMSEMA@BT 纳米填料的 TEM 图像；(b) 纳米复合薄膜在 1kHz 时相对介电常数和损耗因子随填料含量的变化关系；(c) 纳米复合薄膜 Weibull 击穿强度图（其中 P 为特定电场下的累计击穿概率）；(d) 纳米复合薄膜的最大充电能量密度；(e) 纳米复合薄膜的最大放电能量密度；(f) 纳米复合薄膜的充放电效率

来构建核壳结构。羟基的加入和与 PMMA 基体相似的介电常数，使得界面相容性和电场均匀性得到了显著改善。

重要的是，在分析电场分布时首次考虑了 0D 填料在极化过程中介电常数的变化[162]。除了无定形绝缘的 SiO_2 外，半导电的 TiO_2 和 Fe_3O_4 也可以作为外壳层覆盖在无机纳米颗粒表面。研究表明，3～5nm 厚度的 TiO_2 层可能有助于同时增强极化和击穿强度[165]，因为 Fe_3O_4 的壳层可以捕获和散射注入的电荷[166]。核壳结构不仅提高了纳米颗粒的相容性，而且减轻了纳米颗粒与聚合物基体界面区域的局部电场浓度。可以看出，壳层改性剂的分子结构、厚度和极性对提高介质储能性能有重要作用，但对各种无机纳米颗粒仍没有统一的标准。

无机填料聚合物基纳米复合材料的储能性能如表 3-3 所示。

表 3-3 无机填料聚合物基纳米复合材料的储能性能

聚合物基体	0 维填料	掺杂含量	ε_r @1kHz	$\tan\delta$ @1kHz	E_b /(MV/m)	U_e /(J/cm^3)	η/%	参考文献
P(VDF-HFP)	PDA@$BaTiO_3$	10%(体积分数)	≈23	≈0.04	247.7	3.21@140MV/m	≈60	[154]
P(VDF-HFP)	Pt@PDA@$BaTiO_3$	1%(质量分数)	≈15	≈0.05	360	6.40@390MV/m	52	[155]
PVDF	PDA@$BaTiO_3$	2%(质量分数)	≈10	≈0.08	242	2.9@250MV/m	75	[156]
PVDF	PDA@$Ba(Fe_{0.5}Ta_{0.5})O_3$	1%(体积分数)	8	<0.05	170	1.81@150MV/m	28.38	[157]
PVDF	PVP@$SrTiO_3$	5%(体积分数)	10	≈0.025	270	5.1@270MV/m	64.6	[158]
PP	拉伸 EPDM@$BaTiO_3$	10%(质量分数)	6	0.01	371	3.06@370MV/m	—	[159]
P(VDF-HFP)	乙内酰脲@$BaTiO_3$	20%(体积分数)	20	0.04	330	8.13@330MV/m	56.64	[160]
P(VDF-HFP)	PMMA@$BaTiO_3$	2%(体积分数)	≈11.5	0.04	450	12.6@450MV/m	70	[161]
PMMA	SiO_2@$BaSrTiO_3$	1%(体积分数)	3.5	0.04	628.6	19.6@620MV/m	74.4	[162]
PVDF	SiO_2@$BaTiO_3$	3%(体积分数)	≈13	≈0.03	415.8	11.5@420MV/m	64	[163]
PVDF	SiO_2@$BaTiO_3$	2%(体积分数)	11.6	0.02	340	6.28@340MV/m	70	[164]
PVDF	TiO_2@$BaTiO_3$	2.5%(体积分数)	18.7	≈0.03	380	8.78@380MV/m	60	[165]
PVDF	Fe_3O_4@$BaTiO_3$	5%(体积分数)	—	—	175	1.8@170MV/m	85	[166]

3.2.2 一维填料

一维无机纳米纤维（NFs）、纳米线（NWs）和纳米棒（NRs）由于其长径比大、各向异性等特性，近年来受到了广泛的关注。一维填料填充纳米复合材料的关键问题主要包括改善填料的分散性和界面相容性，抑制局部电场畸变，调节一维填料在聚合物基体中的分布。防止团聚和改善 1D 纳米填料分散性的表面改性方法与 0D 纳米填料类似，表 3-4 简要列出了这些方法，不再作详细描述[167-175]。本节将重点介绍在修复界面局部电场畸变和调节聚合物基体中一维填料分布方面的最新进展。

一维纳米填料与聚合物基体的物理化学性质差异较大，导致界面区电场集中严重，导致纳米复合材料早期电击穿。为了有效抑制局部电场集中，可以构建一维填料的核壳结构，由高介电常数的核和高绝缘的壳组成[176-183]。Zhai 等人通过化学溶液法和静电纺丝法制备了核壳 Al_2O_3@$BaTiO_3$ 一维纳米纤维，如图 3-9 所示。中等介电常数的非晶 Al_2O_3 壳层不仅缓解了较大的介电失配，还抑制了界面极化损耗，从而显著提高了击穿强度和储能性能[176-179]。同样，无定形 SiO_2 始终作为绝缘层，通过优化 SiO_2 绝缘层的厚度，可以形成较强的界面附着力，有效地限制一维纳米线与绝缘层之间界面区域空间载流子的迁移，从而降低纳米填料/聚合物界面处的界面极化。此外，1D 纳米线的大长径比可以阻断电树生长，延长击穿路径，优化电场强度[180-183]。

一维纳米填料在聚合物基体中的分布对纳米复合材料的介电储能性能起着至关重要的作用[40,41,184-192]。与一维纳米填料的随机分布相比，可以采用热拉伸[184,191]、模板生长[185-188]、溶液剪切应力[189] 和高速静电纺丝[40,41,190,192] 等策略来构建沿水平、垂直或正交异性方向分布的一维纳米填料。研究发现，当一维纳米填料 PZT 或 TiO_2 沿平行于施加电场的方向分布时，由于界面极化突出，极化可以显著增强[184-188]。TiO_2 NFs/P(VDF-HFP) 纳米复合材料的相对介电常数在 1kHz 时达到 18.2，储能密度为 18.3J/cm^3，

表 3-4 一维无机填料聚合物基纳米复合材料的储能性能

	聚合物基体	一维填料[①]	掺杂含量	ε_r @1kHz	tanδ @1kHz	E_b /(MV/m)	U_e /(J/cm^3)	η/%	参考文献
一维表面改性	PVDF	PDA@$SrTiO_3$ NFs	2.5%(体积分数)	≈8	≈0.03	360	9.12@360MV/m	61.1	[167]
	PVDF	PDA@BZT-BCT NFs	5%(体积分数)	15.9	≈0.02	310	7.86@310MV/m	58	[168]
	P(VDF-HFP)	PDA@$BaTiO_3$ NWs	10%(体积分数)	≈17.5	≈0.03	260	3.6@260MV/m	≈57	[169]
	PVDF	PDA@$NaNbO_3$ NWs	3%(体积分数)	≈11	≈0.04	410	12.26@410MV/m	≈72	[170]
	P(VDF-HFP)	DOPA@TiO_2 NWs	2.5%(体积分数)	≈11	≈0.07	530	11.48@530MV/m	≈60	[171]
	PVDF	PVP@$SrTiO_3$ NFs	2.5%(体积分数)	≈9.5	≈0.025	380	6.8@380MV/m	60	[172]
	P(VDF-HFP)	PVP@$BaTiO_3$ NFs	3%(体积分数)	≈18	≈0.05	300	8.55@300MV/m	60	[173]
	P(VDF-HFP)	TiO_2@$BaTiO_3$ NWs	5% (质量分数)	≈12	≈0.05	440	9.53@440MV/m	≈62	[174]
	P(VDF-HFP)	$BaTiO_3$@TiO_2 NWs	5% (质量分数)	≈11	≈0.05	500	9.95@500MV/m	≈65	[175]
	PVDF	Al_2O_3@$BaTiO_3$ NFs	3.6%(体积分数)	≈12	<0.02	420.6	10.58@420MV/m	63.85	[176]
	PVDF	Al_2O_3@$BaTiO_3$ NFs	2.5%(体积分数)	≈12	<0.03	380	7.1@380MV/m	65.1	[178]
	PVDF	Al_2O_3@$BaTiO_3$ NFs	5%(体积分数)	≈17	≈0.05	399.3	12.18@400MV/m	≈62.5	[177]
	PVDF	Al_2O_3@$SrTiO_3$ NFs	5%(体积分数)	≈12	≈0.024	476.6	15.3@475MV/m	68.52	[179]
	PVDF	SiO_2@$BaTiO_3$ NFs	2.5%(体积分数)	—	—	—	6.28@330MV/m	64.3	[180]
	PVDF	SiO_2@$CaCu_3Ti_4O_{12}$ NWs	40%(体积分数)	68	0.081	—	—	—	[181]
	P(VDF-CTFE)	SiO_2@$SrTiO_3$ NWs	3%(体积分数)	≈13	0.025	401	14.7@390MV/m	60	[182]
	PVDF	SiO_2@$BaSrTiO_3$ NTs	2%(体积分数)	≈15	≈0.02	525	18.08@525MV/m	70.06	[183]

续表

	聚合物基体	一维填料①	掺杂含量	ε_r @1kHz	$\tan\delta$ @1kHz	E_b /(MV/m)	U_e /(J/cm³)	η/%	参考文献
一维分布	PVDF	(‖E) PZT NWs	40%(体积分数)	45	—	≈76	0.043@15MV/m	—	[184]
	PVDF	(‖E) TiO_2 NRs	18%(体积分数)	≈19	≈0.026	344	10.62@340MV/m	70	[185]
	P(VDF-HFP)	(‖E) TiO_2 NRs	40%(体积分数)	≈15	≈0.05	521	17.5@509MV/m	86	[186]
	P(VDF-HFP)	(‖E) TiO_2 NRs/NFs	1%(体积分数)	18.2	≈0.01	489.9	18.3@490MV/m	79.7	[187]
	P(VDF-TrFE-CTFE)	(‖E) PZT@TiO_2 NFs		218.9	0.1	132.4	6.9@143MV/m	—	[188]
	P(VDF-CTFE)	(‖E) $BaTiO_3$ NWs	3%(体积分数)	≈15	—	271.9	10.8@240MV/m	61.4	[189]
	P(VDF-CTFE)	(⊥E) $BaTiO_3$ NWs	3%(体积分数)	≈10.5	—	354.9	10.1@340MV/m	56.8	
	P(VDF-CTFE)	(⊥E) SiO_2@BZCT NFs	3%(体积分数)	≈13	<0.02	576	18.9@560MV/m	53.3	[40]
	PEI	(⊥E) SiO_2@$BaTiO_3$ NFs	0.5%(体积分数)	≈4	≈0.03	629	15.4@670MV/m	86.1	[190]
	P(VDF-CTFE)	(⊥E) $BaTiO_3$ NFs	5%(体积分数)	≈12	≈0.04	530	17.1@518MV/m	84.6	[191]
	P(VDF-HFP)	正交 $BaTiO_3$NFs	5%(体积分数)	≈17	≈0.01	690	25.5@690MV/m	76.3	[192]
	P(VDF-TrFE-CFE)-PMMA	正交 SiO_2@Al_2O_3 @BCZT NFs	3%(体积分数)	≈16.5	≈0.02	491	20.1@440MV/m	58.6	[41]

①本列中‖E、⊥E 分别表示平行于场强方向、垂直于场强方向。

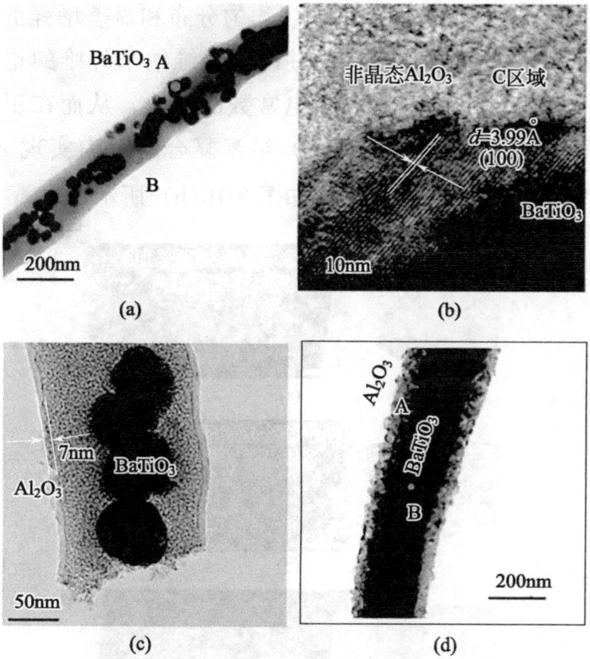

图 3-9　核壳结构填料微观形貌表征

(a) Al_2O_3@$BaTiO_3$ NFs 核壳结构的 TEM 图像；(b) Al_2O_3@$BaTiO_3$ NFs 核壳结构的 HRTEM 图像；(c) 多巴胺修饰的 Al_2O_3@$BaTiO_3$ NF 核壳结构的 TEM 图像经授权转载自参考文献[176] American Chemical Society 版权所有 (2017)；(d) Al_2O_3@$BaTiO_3$ NFs 核壳结构的 TEM 图像

效率为 79.7%[187]。即使在 143MV/m 的超低电场下，由于 1kHz 时 218.9 的高相对介电常数，也可以实现 6.9J/cm^3 的高放电能量密度[188]。相比之下，当一维纳米填料在垂直于施加电场的方向上排列时，由于阻挡电荷的移动，纳米复合材料的击穿强度可以显著提高[40,190,191]。

与随机分布相比，BZCT 和 $BaSrTiO_3$ 1D NFs 的一维水平分布可以限制导电路径的形成，提高击穿强度[40,190]。为了结合一维纳米填料水平和垂直分布的优势，Zhang 等人提出使用一维纳米填料的正交各向异性配置。如图 3-10(a) 所示，在非平衡静电纺丝过程中，0D 纳米颗粒和 1D 纳米纤维的分布和取向都可以被精确控制。具有正交异性结构的纳米复合材料表现出高达 691.9MV/m 的超高击穿强度

[图 3-10(g)]，这可归因于局部电场均匀分布和显著增强的杨氏模量（2.38GPa）之间的协同作用。通过构建一维纳米纤维的正交各向异性结构，可以克服击穿强度和介电常数的悖论，从而在正交各向异性 5%体积 $BaTiO_3$/P(VDF-HFP) 纳米复合材料中实现 25.5J/cm^3 的高储能密度和 76.3%的效率，如图 3-10(h) 所示[192]。

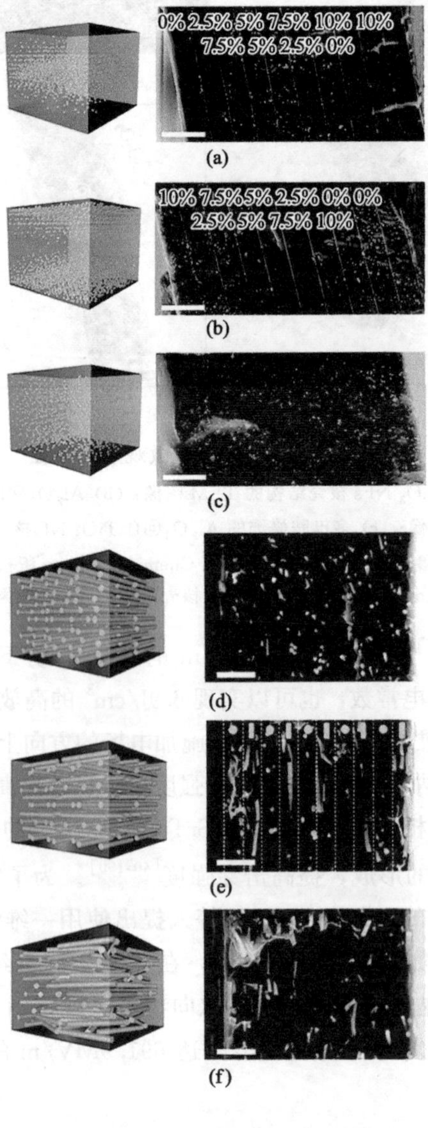

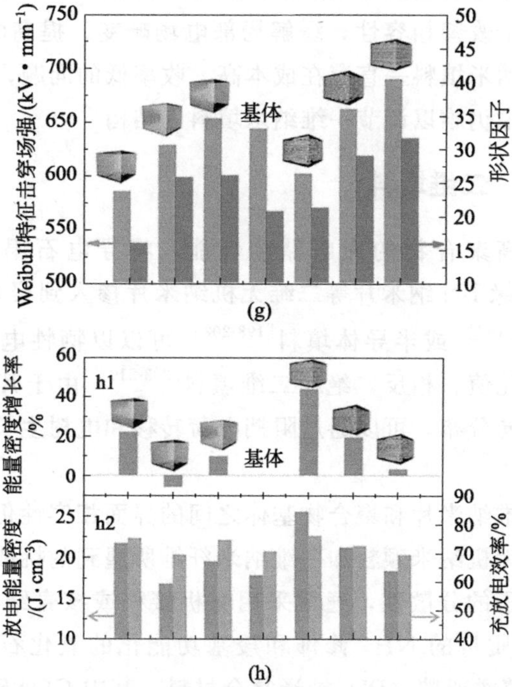

图 3-10　5%(体积分数) P(VDF-HFP)/$BaTiO_3$ 纳米复合薄膜的结构示意图及其横截面 SEM 图像

(a) 球形填料正梯度分布；(b) 球形填料负梯度分布；(c) 球形填料随机分布；
(d) 纤维填料平行分布；(e) 纤维填料各向同性分布；(f) 纤维填料随机分布；
(g) 不同结构纳米复合薄膜通过 Weibull 统计得到的特征击穿强度和形状因子；
(h1) 不同结构纳米复合材料与纯聚合物基体的放电能量密度增长率对比图；
(h2) 不同机构纳米复合材料的放电能量密度（绿色）和充放电效率（灰色）

Zhang 等人提出了一维纳米纤维的正交各向异性结构，以利用水平和垂直分布的优势。具有一维纳米纤维正交各向异性结构的纳米复合材料具有超高的击穿强度和增强的杨氏模量，从而具有较高的储能密度和效率。一维纳米纤维的正交各向异性结构消除了纳米复合材料中击穿强度和介电常数的矛盾，从而实现了高能量存储密度和高效率。

如上所述，将一维纳米填料封装到聚合物基体中已被证明是实现超高能量存储密度的有效方法。核壳结构和一维纳米填料分布的调节都有利于改善相容性，缓解局部电场畸变，提高电击穿强度。然而，一维纳米填料一直存在成本高、收率低的问题，并且在大规模工业生产中仍难以调节一维纳米填料的结构。

3.2.3 二维填料

为了提高聚合物的介电储能性能，将导电石墨烯、半导电 Bi_2Te_3 和绝缘 BN 纳米片等二维无机纳米片掺入到聚合物基体中。导电填料[193-197] 或半导体填料[198-202] 可以以牺牲电击穿强度为代价提高极化值。相反，绝缘二维填料[203-210] 由于其优异的绝缘性和面内定向分布，可以通过阻挡电荷转移和电树生长来提高击穿强度。

实现二维纳米片和聚合物基体之间的界面相容性仍然是一个挑战，类似于无机纳米颗粒和一维纳米纤维所遇到的挑战。为了提高二维纳米粒子的分散性，通常采用有机接枝或核壳结构。Fang 等人合成了高质量的 NH_2 修饰和羧基功能化的氧化石墨烯纳米片(GONSs)/聚酰亚胺（PI）纳米复合材料，其中 GONSs 与 PI 基体之间的超高接触面积和强界面相互作用导致了高相对介电常数 36.9 和低介电损耗因子 0.0075[193]。此外，核壳结构已被开发用于解决石墨烯纳米片（GNSs）的团聚问题。在 GNSs 表面涂覆超支化芳族聚酰胺（HAP）改变了 GNSs 的表面状态，使其具有良好的分散性，并在聚对苯-苯并异恶唑纳米复合材料中获得了 $6J/cm^3$ 的高能量密度[196]。此外，将 MoS_2 纳米片和 TiO_2 纳米片等半导电纳米片填充到聚合物基体中，以增强其介电性能，特别是当负载含量接近渗透阈值时[198]。虽然由于 2D 填料的高介电常数，高 K 值 TiO_2 纳米片在 570MV/m 时使 BOPP 薄膜的储能密度提高到 $13.0J/cm^3$[199]，但填充半导电的 2D 填料往往会降低电击穿强度并增加介电损耗。因此，采用绝缘性能优良、介电常数低的 Al_2O_3 和 SiO_2 作为壳层包裹在半导体填料上[200,201]。

与导电或半导电的二维填料相比，绝缘的二维纳米片，如铌酸盐[203-205]、钛酸盐[206,207]和氮化硼[208-210]，在提高介电常数和击穿强度方面更有效，这是由于其长径比大，可以诱导强的界面极化，并建立高屏障，从而限制电荷迁移。例如，Pan 等人将 $NaNbO_3$ ($\varepsilon_r \approx 300$@1kHz) 纳米片填充到 PVDF 基体中，得到了相对介电常数为 13、介电损耗因子为 0.04 的纳米复合材料。他们还获得了 400MV/m 的击穿强度增强，因为 2D $NaNbO_3$ NSs 阻断了击穿路径的生长[203]。用 Al_2O_3 薄壳层包裹 $NaNbO_3$ 纳米片，有效地限制了载流子的迁移，进一步提高了击穿强度，放电能量密度为 14.59J/cm^3，效率为 70.1%[204]。特别是 Bao 等人提出了一种通过添加带负电荷的 $Ca_2Nb_3O_{10}$ 纳米片来显著提高击穿强度和储能的方法。击穿强度的增加可能是由于带负电荷的 $Ca_2Nb_3O_{10}$ 纳米片与带正电荷的 PEI 夹心形成的局部电场抑制了二次冲击电离电子，阻断了击穿路径。以 0.9%（质量分数）PEI/$Ca_2Nb_3O_{10}$/PEI 纳米片填充的 PVDF 基纳米复合材料在 792kV/mm 下的放电能量密度为 36.2J/cm^3，效率为 61.2%[205]。

由于其优异的绝缘性能和大长径比，BNNS 已成为最有利的二维绝缘填料。为了改善它们的分散和与 PVDF 基体的界面相互作用，羟基被接枝到 BNNSs 表面，得到表面改性的 OH-BNNS，这种改性同时提高了击穿强度和极化强度，6%（质量分数）OH-BNNS/PVDF 复合膜在 517kV/mm 时表现出 13.1J/cm^3 的优异 U_e[208]。BNNS/P(VDF-TrFE-CFE) 纳米复合材料的击穿强度显著提高，达到 610MV/m，能量密度达到 20.3J/cm^3[209]。BNNS/P(VDF-TrFE-CFE) 纳米复合材料还可以作为一种坚固的支架，阻止机电故障并抑制导电。最近，一种含氨基聚合物 P(VDF-TrFE-CFE)-g-PME-NH_2 被化学吸附到环氧官能化的二维 BNNS 表面，如图 3-11(a) 所示，经过拉伸和热压，BNNS 在纳米复合材料中获得了高度平行的取向，如图 3-11(b) 所示。由于 BNNS 作为电子势垒层抑制了电子的增殖，导致其击穿路径发展最慢，击穿相含量最低。

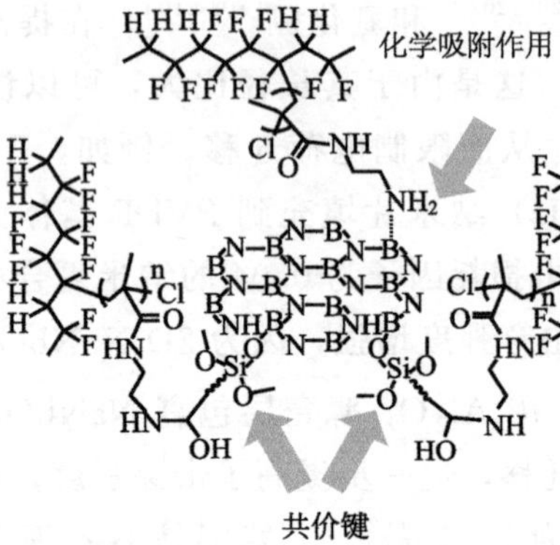
化学吸附作用
共价键

(a)

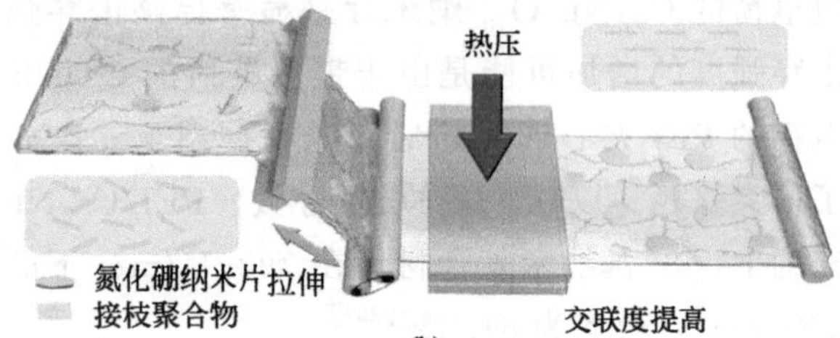
热压
氮化硼纳米片拉伸
接枝聚合物
交联度提高

(b)

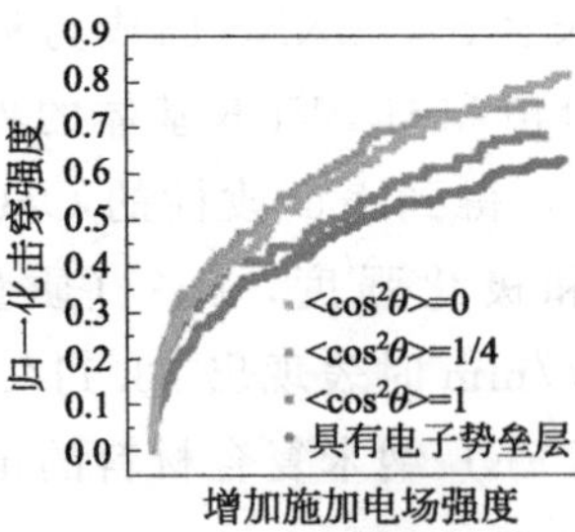
归一化击穿强度
<cos²θ>=0
<cos²θ>=1/4
<cos²θ>=1
具有电子势垒层
增加施加电场强度

(c)

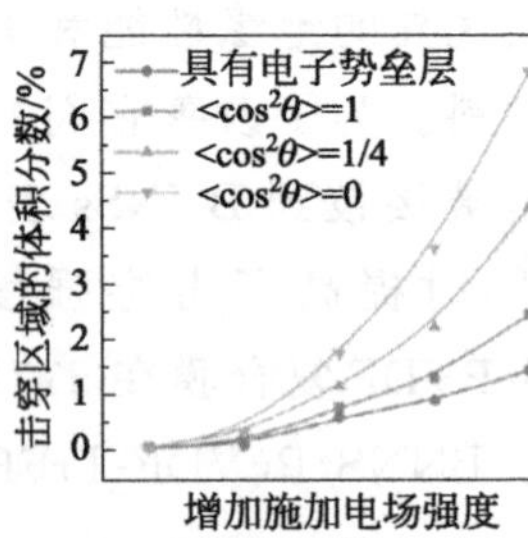
击穿区域的体积分数/%
具有电子势垒层
<cos²θ>=1
<cos²θ>=1/4
<cos²θ>=0
增加施加电场强度

(d)

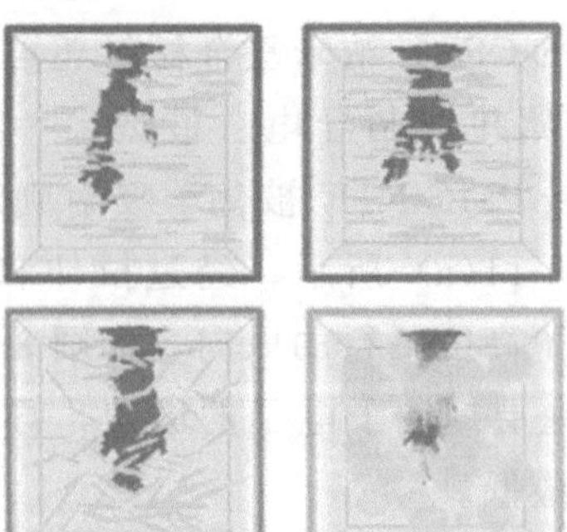

(e)

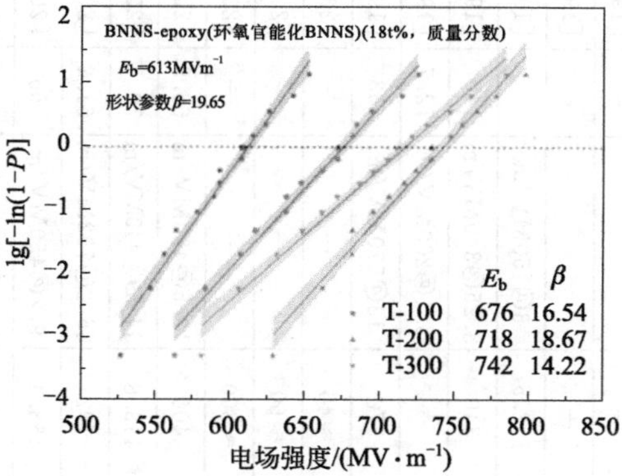

(f)

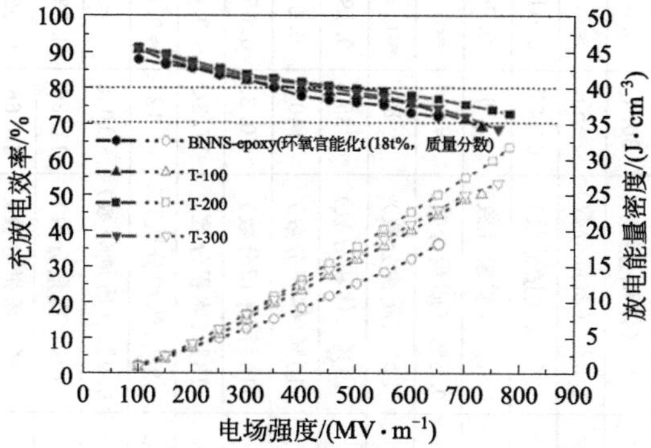

(g)

图 3-11 BNNS/P（VDF-TrFE-CFE）复合薄膜制备过程示意图及其电学性能

(a) PVDF 分子链与 BNNS 填料之间的共价键和化学吸附作用；
(b) BNNS/P(VDF-TrFE-CFE) 复合薄膜的制备过程示意图；
(c) 复合薄膜的归一化击穿强度与 (d) 复合薄膜随着电场强度的增加击穿区域的体积分数（其中 θ 为环氧官能化 BNNS 与平行于拉伸方向之间的角度，$\langle\cos^2\theta\rangle$ 表示环氧官能化 BNNS 与平行于拉伸方向之间角度余弦函数的平方）；
(e) 不同取向 BNNS 的纳米复合薄膜击穿过程演变示意图，其中紫色方框表示含有电子势垒层的 BNNS 纳米复合薄膜的击穿阶段且 $\langle\cos^2\theta\rangle=1$；(f) 复合薄膜的 Weibull 击穿强度分布图（其中 T-x 表示交联后的薄膜经过热压拉伸工艺，拉伸应变为 x%时制备得到的薄膜样品）；(g) 复合薄膜的储能特性

具有代表性的二维无机填料聚合物纳米复合材料的储能性能如表 3-5 所示。

表 3-5 具有代表性的二维无机填料聚合物纳米复合材料的储能性能

	聚合物基体	二维填料	掺杂含量	ε_r @1kHz	$\tan\delta$ @1kHz	E_b /(MV/m)	U_e/ (J/cm³)	η/%	参考文献
二维导电填料	PI	氧化石墨烯 NSs	4% (质量分数)	36.9	0.0075	132.5	—	—	[193]
	NBR	氧化石墨烯 NSs	2%(体积分数)	30.4	0.04	—	—	—	[194]
	环氧树脂	PEG@GO	1.5% (质量分数)	≈55	≈0.2	—	—	—	[195]
	PBO	石墨烯-HAP	2% (质量分数)	66.27	0.045	132.5	6@150MV/m	—	[196]
	P(VDF-CTFE)	氧化石墨烯	0.4% (质量分数)	13.6	0.04	340	8.25@340MV/m	40	[197]
二维半导体填料	PVDF	MoS_2	0.4% (质量分数)	≈10	≈0.1	—	3.1@200MV/m	72.7	[198]
	P(VDF-HFP)/PMMA	DOPA@TiO_2	5% (质量分数)	≈10	≈0.06	570	13@570MV/m	63	[199]
	PVDF	Bi_2Te_3	10% (体积分数)	385	0.198	≈40	—	—	[200]
	PVDF	Bi_2Te_3@Al_2O_3	10%(体积分数)	140	0.05	≈60	—	—	[200]
	P(VDF-HFP)	Bi_2Te_3@SiO_2	10%(体积分数)	70.3	0.058	≈300	—	—	[201]
二维绝缘填料	PVDF	$NaNbO_3$片晶	13%(体积分数)	17.34	<0.04	400	13.5@400MV/m	66.9	[203]
	P(VDF-HFP)	$NaNbO_3$@Al_2O_3	3%(体积分数)	≈12	≈0.03	443.8	14.59@440MV/m	70.1	[204]
	PVDF	$Ca_2Nb_3O_{10}$@PEI	0.9% (质量分数)	≈10.5	—	792	36.2@792MV/m	61.2	[205]
	PVDF	$BaTiO_3$	1% (质量分数)	11.86	0.038	463.4	9.7@450MV/m	55	[206]
	PVDF	$SrTiO_3$	1% (质量分数)	10.66	0.025	357	9.48@350MV/m	57.2	[207]
	PVDF	OH-BNNS	6% (质量分数)	≈11.1		517	13.1	—	[208]
	P(VDF-TrFE-CFE)	BNNSs	12% (质量分数)	—	0.027	610	20.3@650MV/m	77	[209]
	BNNS-PME-g-P(VDF-TrFE-CFE)		18% (质量分数)	—	—	742	31.8@780MV/m	72.7	[210]

3.2.4 杂化填料

与仅填充一种类型的0D、1D或2D填料的两相纳米复合材料相比，三相纳米复合材料由于同时加入两种具有不同介电性能或微观结构的无机填料获得的协同效应而引起了人们的广泛关注。例如，导电填料/纳米复合材料在渗透阈值加载时可以表现出显著的介电常数增加，但代价是介电损耗显著增加。相比之下，加入绝缘填料可以抑制载流子移动，降低介电损耗，同时还可以获得高介电常数[211-216]。Luo等人证明，$BaTiO_3$薄片可以有效地阻止石墨烯桥接和堵塞P(VDF-HFP)基质中的导电路径，从而获得66.2的高相对介电常数和0.048的低介电损耗因子[211]。此外，通过共填充导电还原氧化石墨烯纳米片（rGO）和氮化硼纳米片（BNNS），可以同时获得高导热性和高击穿强度，其中导电还原氧化石墨烯纳米片在阈值填充含量下产生高介电常数，而绝缘的BNNS则阻碍电荷迁移。由于减少了声子散射和填料之间的界面热阻，独特分离的还原氧化石墨烯和BNNS导致了超高的导热系数[212]。另一种提高纳米复合材料储能性能的混合方法是将高介电常数填料与优异的绝缘填料相结合。例如，将高介电常数钛酸钡纳米颗粒（BT）和宽带隙二维六方氮化硼纳米片（BNNs）结合到P(VDF-CTFE)基体中，协同提高E_b和介电常数。在三元复合材料中，BT使介电常数提高了20%，BNNs使E_b提高了43%。加入纳米填料后，由于复合材料杨氏模量的提高和晶体尺寸的减小，实现了前所未有的21.2J/cm^{3}的储能性能[216]。例如，将具有巨大介电常数和绝缘BNNS的钛酸铜钙纳米纤维（CCTO）掺入再生几丁质（RCH）基质中。在这种三元纳米复合材料中，BNNS提高了击穿强度，而CCTO提高了介电常数，产生了9.27J/cm^{3}的放电能量密度。通过加入BNNS，由于BN片的物理屏障效应，三相纳米复合材料的击穿强度显著提高，这阻碍了电树的延伸[213,214]。

在聚合物基体中掺入两种不同类型的无机填料有利于获得高介电常数和优异的击穿强度。然而，分散性差、负载含量高、界面区域局部电场集中严重等仍然是突出的问题。研究证明，构建核-壳结构杂化无机填料是解决这一问题的有效方法[217-221]。Zhang 等人首次提出了 $BaTiO_3$ 纳米粒子嵌入 TiO_2 纳米纤维中的杂化物。这种方法允许更多的界面，而不增加无机填料的总体积分数。Ba^{2+} 和 Ti^{4+} 阳离子的相互占据以及 $BaTiO_3$ 晶格的膨胀会产生额外的偶极子或更大的偶极矩，导致界面极化增强。在 3%(体积分数) $BaTiO_3$@TiO_2/PVDF 和 3%(体积分数) $BaTiO_3$@TiO_2/P(VDF-HFP) 条件下，能量密度分别为 20J/cm^3 和 31.2J/cm^3[217-219]。同样，BNNS 和蒙脱土（MMT）等绝缘纳米片也可以用作 $BaTiO_3$ 纳米颗粒的载体[220,221]。为了缓解 $BaTiO_3$ 纳米颗粒与聚合物基体之间较大的介电差异，Luo 等人提出使用超分层结构和梯度界面来避免局部电场集中。如图 3-12(a) 所示，首先将厚度为 2nm 的 Al_2O_3 和 SiO_2 分别包覆在 $BaTiO_3$ 纳米颗粒（简称 BT@AS）上，然后在得到的纳米颗粒表面包裹 6.5nm 左右的多巴胺层，以提高分散性和相容性。最后，将 BT@AS 纳米粒子组装到蒙脱土（MMT）黏土表面。杂化填料的独特结构使其放电能量密度达到 20J/cm^3，效率达到 84% [图 3-12(b) 和图 3-12(c)]，这是由于纳米复合材料中的杂化增强、极化改善和电荷阻挡层的电击穿强度增加[221]。

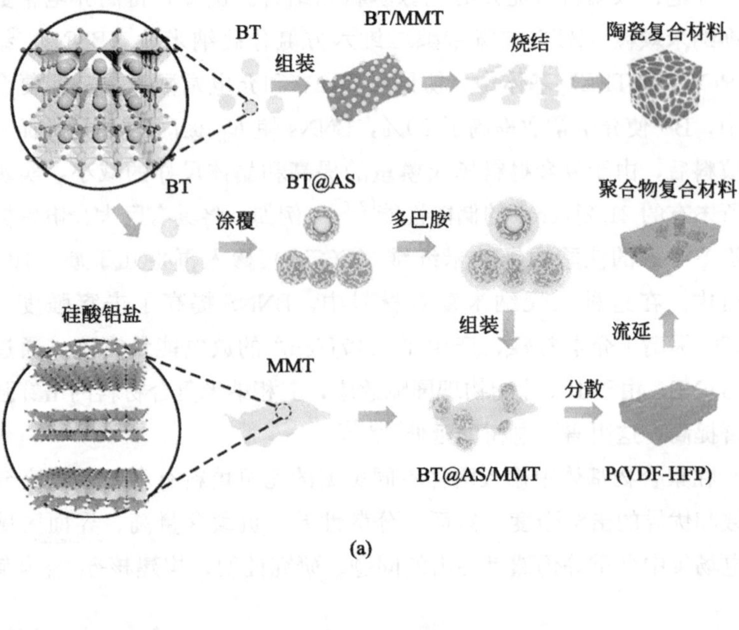

(a)

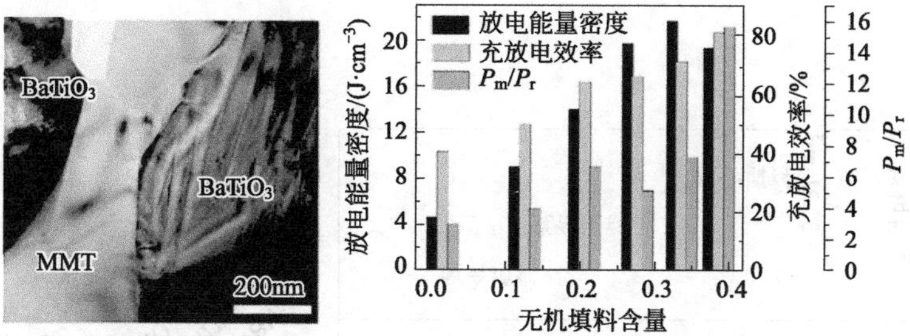

图 3-12　纳米复合薄膜制备流程、微观形貌及其储能性能

(a) 超层状结构复合陶瓷和聚合物纳米复合薄膜的制备过程示意图；(b) BT/MMT 复合陶瓷的 HRTEM 图像；(c) 不同无机填料含量 BT@AS/MMT/P(VDF-HFP) 纳米复合薄膜在其击穿场强下的储能特性对比（其中 P_m、P_r 分别表示最大极化强度、剩余极化强度）

上述结果表明，添加不同性能、粒径、含量的无机填料和共填充杂化填料均能有效提高无机/有机复合膜的击穿强度和极化率。这是由于利用无机填料的固有特性以及填料/基体的界面效应，在显著提高储能性能方面表现出巨大的潜力。上述无机/有机纳米复合材料的对比如图 3-13 所示。可以看出，二维填料的放电能量密度达到了 36.2J/cm^3，远高于 0D 和 1D 纳米复合材料。具有代表性的混合填料聚合物纳米复合材料的储能性能见表 3-6。然而，尽管纳米复合材料的改性研究已经进行了二十多年，但由于填料团聚、分散不均匀和可加工性差等问题没有得到很好的解决，仍未将其转化为工业生产，用于制备聚合物电容器薄膜。

3.3　多层次结构

3.3.1　双层薄膜

双层膜结构的设计可以充分利用单个膜层的优点，同时兼顾高极化和优异的击穿强度。根据每一层双层膜所使用的基体材料，可大致分为均相铁电/铁电双层膜、非均相线性/线性双层膜和非均相线性/铁电双层膜。在前一种情况下，相同的聚合物作为两层的基质，

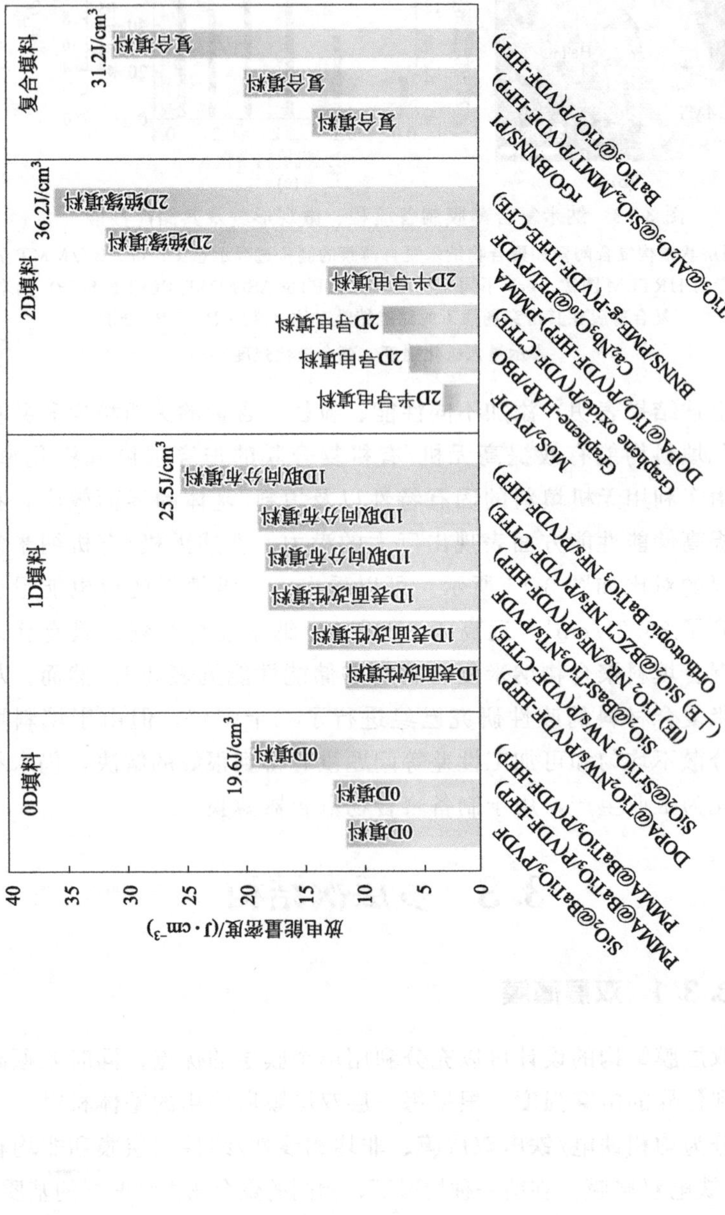

图 3-13 无机/有机纳米复合薄膜室温下的放电能量密度对比图

表 3-6 具有代表性的混合填料聚合物纳米复合材料的储能性能

聚合物基体	无机掺杂相	掺杂含量	ε_r @1kHz	tanδ @1kHz	E_b /(MV/m)	U_e /(J/cm^3)	η/%	参考文献
P(VDF-HFP)	GO/$BaTiO_3$	1.2%(体积分数)/10%(体积分数)	66.2	0.048	—	—	—	[211]
PI	rGO/BNNS	1.9%(质量分数)/1.9%(质量分数)	579	0.25	74.4	14.2@74.4MV/m	—	[212]
P(VDF-CTFE)	BT/BNNS	15%(质量分数)/12%(质量分数)	12	0.05	552	21.2@552MV/m	80	[216]
RCH	CCTO/BNNS	5%(质量分数)/6%(质量分数)	8	0.018	422	9.27@422MV/m	80	[213]
PP	$BaTiO_3$/BNNS	5%(体积分数)/3%(体积分数)	2.92	0.012	469	2.82@469MV/m	—	[214]
P(VDF-CTFE-DB)	ZnO/MoS_2	2%(质量分数)	12.9	0.047	300	7.2@300MV/m	83	[215]
PVDF	$BaTiO_3$@TiO_2	3%(体积分数)	41	—	646.7	21.2@646.7MV/m	—	[217]
P(VDF-HFP)	$BaTiO_3$@TiO_2	3% (体积分数)	20	0.05	797.7	31.2@800MV/m	78	[218]
PVDF	$BaTiO_3$@TiO_2NFs	3% (体积分数)	16	0.02	370	10.96@360MV/m	—	[219]
PVDF	$BaTiO_3$@BNNS	5% (质量分数)	12	≈0.02	580	17.6@580MV/m	71.4	[220]
P(VDF-HFP)	$BaTiO_3$@Al_2O_3@SiO_2/MMT	37% (体积分数)	30	0.025	511	20@510MV/m	84	[221]

分别填充不同的无机填料。后者通常由线性极化层和铁电极化层组成，其中介电常数较低的线性聚合物可以共享更多的电场，延缓铁电层的早期饱和极化。

对于均匀的双层膜，无机填料的分布和种类是主要的问题。例如，将具有高介电常数的 TiO_2 纳米阵列（TNA）或 $BaTiO_3$ 纳米线阵列作为底层填充到PVDF基体中，将具有面内分布的 TiO_2 纳米线或具有宽带隙的BN纳米片填充到PVDF基体中作为顶层。由于底层的纳米阵列与外加电场方向平行，有利于增加极化，同时，顶层 TiO_2 纳米线或BNNS的平面内分布可以散射电荷并增强击穿路径的曲折度。这提高了双层膜的介电常数和电击穿强度[222,223]。除了使用纳米阵列/纳米线作为无机填料外，纳米片也可以掺入聚合物基体中。底层和顶层的大极化和高击穿强度使得 $Na_{0.5}Bi_{0.5}TiO_3$/PVDF-PVDF双层膜的放电能量密度高达22.6J/cm^3，效率高达80.3%[224]。在 Al_2O_3/PS-TiO_2/PS双层膜中，典型的介电常数和击穿强度之间的权衡得到了很好的解决，其中 Al_2O_3 纳米片提高了顶层的击穿强度，TiO_2 纳米颗粒提高了底层的介电常数[225]。

对于非均质双层膜，最常见的结构是线性/铁电双层膜，其中具有低介电常数的线性极化层可以承受较高的电场，并显著降低铁电层的极化损耗[226-230]。线性/铁电双层-异结构PI/P(VDF-CTFE)聚合物纳米复合材料的击穿强度比单独的PI或P(VDF-CTFE)薄膜高得多，这是因为PI层中的击穿通道不完整，P(VDF-CTFE)层中的局部电场较低[226]。进一步增加PI线性层的厚度或在P(VDF-TrFE-CTFE)铁电层中构建交联结构，可以提高放电能量密度和效率[227,228]。加入线性层可以很容易地调节铁电聚合物薄膜的非线性极化行为[229,230]。由于介质损耗低，击穿强度高，选择PEI和THV分别作为线极化层。如图3-14所示，生长线性极化层后，非线性 $BaTiO_3$/P(VDF-HFP)铁电层的极化损耗明显受到抑制。PEI-$BaTiO_3$/P(VDF-HFP)双层膜的充放电效率高达96.8%[229]，THV-$BaTiO_3$/P(VDF-HFP)双层膜的能量密度高达22.7J/cm^3，能量效率为79.0%[230]。

双层结构除了具有分压器和界面极化的优点外，其中一层还可以作为电荷阻挡层，提高和加宽金属-介电界面的势能势垒。这可以抑制电荷从金属电极注入介电层[231,232]。Kim 等人发现，n-辛基膦酸（OPA-SAM）和聚对苯基氧化物（PPO）的纳米级自组装单层都可以分别用作电荷阻挡层。在 2-氰乙基三甲氧基硅烷（CNETMS）薄膜表面自旋涂覆阻挡层后，由于抑制载流子注入和降低导电损失，双层膜的最大放电能量密度为 40J/cm^3，效率为 72%。

代表性双层膜的储能性能如表 3-7 所示。

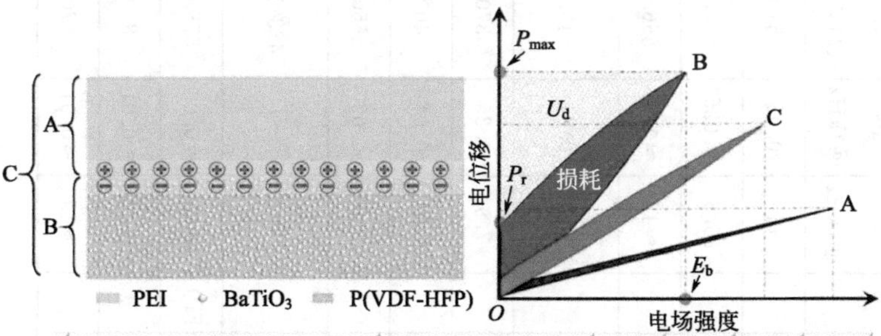

	材料	介电特性	U_d	η	Loss	E_b
A	PEI基体	线性	高	★低	★低	★高
B	$BaTiO_3$/P(VDF-HFP)	非线性	★高	低	高	低
C	双层PEI-$BaTiO_3$/P(VDF-HFP)	线性-非线性	★高	★高	★低	★高

图 3-14 线性电介质薄膜、非线性电介质薄膜和线性/非线性电介质双层复合薄膜的储能特性示意图（五角星表示期望的性能特征）

U_d—放电能量密度；η—充放电效率；Loss—能量损耗；E_b—特征击穿场强

3.3.2 三层薄膜

为了同时提高介电常数和击穿强度，具有夹层结构的三层薄膜得到了广泛的研究。这些薄膜主要包括全有机薄膜[57,124,233-237]、无机/有机纳米复合薄膜[203,238-252] 和无机/有机叠层型复合薄膜[253-256]。大多数情况下，夹层膜是对称的，其中顶层和底层使用的材料相同，但与中间层不同。利用单个层的独特性质，改变单层的厚度，设计界面结构，可以显著提高储能性能。表 3-8 所示为

表 3-7 代表性双层膜的储能性能

顶层	底层	ε_r @1kHz	$\tan\delta$ @1kHz	E_b /(MV/m)	U_e/ (J/cm^3)	η/%	参考文献
PVDF-5%(体积分数) TiO_2纳米线	PVDF-TiO_2纳米阵列	≈16	0.05	513	16.13@513MV/m	77.37	[222]
PVDF-3%(质量分数) BN	BN/PVDF-$BaTiO_3$ 纳米阵列	35.3	0.025	500.3	16.1@500.3MV/m	57	[223]
PVDF	PVDF-5%(体积分数)NBTNS	≈12	≈0.03	656.6	22.6@650MV/m	80.3	[224]
Al_2O_3 纳米片/PS-TiO_2	PS 5%(体积分数) Al_2O_3-2%(体积分数) TiO_2	2.9	0.04	543.4	4.43@550MV/m	93	[225]
PI-20%(体积分数) $BaTiO_3$	$BaTiO_3$/P(VDF-CTFE)	7.9	0.25	370	14.2@370MV/m	51.2	[226]
PI	P(VDF-TrFE-CFE)	6.04	0.04	400	9.6@400MV/m	58	[227]
PI	10Zr/P(VDF-TrFE-CFE)	5.2	0.02	550	12.5@550MV/m	58	[228]
PEI	10%(体积分数) $BaTiO_3$/P(VDF-HFP)	—	—	483.18	6@450MV/m	96.8	[229]
THV	5%(体积分数) $BaTiO_3$/P(VDF-HFP)	10.23	≈0.06	575.6	22.7@570MV/m	79	[230]
SAM	CNETMS/OPA	≈22	≈0.01	830	40@830MV/m	72	[231]
PPO	CNETMS	≈19	≈0.01	670	31@670MV/m	≈60	[232]

表 3-8 代表性三层薄膜的储能性能

	顶层	中间层	底层	ε_r @1kHz	$\tan\delta$ @1kHz	E_b /(MV/m)	U_e/(J/cm^3)	η/%	参考文献
全有机三层结构	PMMA	P(VDF-TrFE-CFE)	PMMA	5.2	≈0.05	480	7.03@480MV/m	78	[233]
	PMMA/PVDF	DE	PMMA/PVDF	7	≈0.08	350	15@350MV/m	76.5	[234]
	DE/P(VDF-HFP)	PMMA	DE/P(VDF-HFP)	—	—	300	11.8@300MV/m	89	[235]
	FPE	P(VDF-HFP)	FPE	≈4	≈0.02	512	11	86.7	[236]
	PET/PVDF	PET	PET/PVDF	5.88	—	400	0.47@100MV/m	—	[237]
	PEI	PEI/P(VDF-HFP)	P(VDF-HFP)	≈5@10kHz	≈0.02@10kHz	758.3	12.5@535MV/m	89.9	[57]
掺杂型-无机/有机三层结构	P(VDF-HFP)	2%(质量分数) GO/PMMA	P(VDF-HFP)	≈10	≈0.05	300	10@300MV/m	77	[238]
	PVDF	PVDF-6%(质量分数) $Na_{0.5}Bi_{0.5}TiO_3$-$BaTiO_3$	PVDF	11.45	0.02	500.2	19.21@527MV/m	57.5	[239]
	P(VDF-HFP)	3%(质量分数) $Hf_{0.5}Zr_{0.5}O_2$/P(VDF-HFP)	P(VDF-HFP)	≈12.5	≈0.03	676.9	21.63@706.7MV/m	65.68	[240]
	PEI	3%(质量分数) DA@Ag@$BaTiO_3$/PVDF	PEI	≈6.3	≈0.01	592.1	21.03@592.1MV/m	81.5	[241]

续表

	顶层	中间层	底层	ε_r @1kHz	$\tan\delta$ @1kHz	E_b /(MV/m)	U_e/(J/cm^3)	η/%	参考文献
掺杂型-无机/有机三层结构	5%(体积分数) $NaNbO_3$/PVDF	PVDF	5%(体积分数) $NaNbO_3$/PVDF	≈13	≈0.05	402.6	13.5@400MV/m	66.9	[203]
	1% (质量分数) $BaTiO_3$@HPC/PVDF	PVDF	1%(质量分数)[≈0.85%(体积分数)] $BaTiO_3$@HPC/PVDF	≈15	<0.05	360	10.2@360MV/m	77	[242]
	2%(体积分数) $KTa_{0.5}Nb_{0.5}O_3$/PI	PI	2%(体积分数) $KTa_{0.5}Nb_{0.5}O_3$/PI	≈4.6	≈0.005	300	3.0@300MV/m	90	[243]
	35%(体积分数) $BaTiO_3$/P(VDF-HFP)	P(VDF-HFP)	35%(体积分数) $BaTiO_3$/P(VDF-HFP)	≈20	0.026	315	5.22@315MV/m	60	[244]
	3%(体积分数) $BaTiO_3$/PVDF	PVDF	3%(体积分数) $BaTiO_3$/PVDF	≈11	≈0.04	410	16.2@410MV/m	70	[245]

续表

	顶层	中间层	底层	ε_r @1kHz	$\tan\delta$ @1kHz	E_b /(MV/m)	U_e/(J/cm^3)	η/%	参考文献
掺杂型-无机/有机三层结构	10%(体积分数) BNNS/PVDF	8%(体积分数) $BaSiTiO_3$ NW/PVDF	10%(体积分数) BNNS/PVDF	≈11.5	≈0.025	588	20.5@588MV/m	≈55	[246]
	5%(质量分数) BNNS/P(VDF-HFP)	0.05%(质量分数) 2D MoS_2/P(VDF-HFP)	5%(质量分数) BNNS/P(VDF-HFP)	≈12.5	≈0.05	649.7	25.03@650MV/m	77.4	[247]
	10%(体积分数) $BaTiO_3$ NPs/PVDF	2%(体积分数) $BaTiO_3$ NFs/PVDF	10%(体积分数) $BaTiO_3$ NPs/PVDF	≈10	≈0.03	453	10@450MV/m	56	[248]
	$Ba_{0.6}Sr_{0.4}TiO_3$ NFs/PVDF	GO NSs@TiO_2 NPs/PVDF	$Ba_{0.6}Sr_{0.4}TiO_3$ NFs/PVDF	≈14	≈0.02	450	14.6@450MV/m	65.8	[249]
	20%(体积分数) $BaTiO_3$/PVDF	1%(体积分数) $BaTiO_3$/PVDF	20%(体积分数) $BaTiO_3$/PVDF	≈16	≈0.04	470	18.8@470MV/m	65	[250]

续表

	顶层	中间层	底层	ε_r @1kHz	$\tan\delta$ @1kHz	E_b /(MV/m)	U_e/(J/cm^3)	η/%	参考文献
掺杂型-无机/有机三层结构	1%(体积分数) $BaTiO_3$/PVDF	10%(体积分数) $BaTiO_3$/PVDF	20%(体积分数) $BaTiO_3$/PVDF	12.5	≈0.03	390	16.5@390MV/m	≈65	[251]
	1%(质量分数) $BaTiO_3$/P(VDF-HFP)	9%(质量分数) $BaTiO_3$/P(VDF-HFP)	1%(质量分数) $BaTiO_3$/P(VDF-HFP)	≈11	≈0.045	526	26.4@526MV/m	72	[252]
叠层型-无机/有机三层结构	PVDF	BNNS	PVDF	≈10.5	≈0.02	612	14.3@612MV/m	73	[253]
	PVDF	BNNS	PI	≈5.6	≈0.03	417.6	4.35@417.6MV/m	—	[254]
	PVDF	(111)型 $BaTiO_3$	PVDF	≈10.5	≈0.05	604	15.9@604MV/m	65.7	[255]
				≈12	≈0.06	690	20.7@690MV/m	63.7	
	SiO_2	PMMA	SiO_2	5.5	0.04	526.8	14.5@526.8MV/m	87.4	[256]

代表性三层薄膜的介电储能性能。

全有机夹层膜通常由线性介电层和铁电层组成，线性层具有低介电损耗和高击穿强度，可以抑制铁电层的大极化损耗。电场在各层中的分布与其介电常数和电导率成反比，这对三层薄膜的介电性能起着重要作用。为了避免 P(VDF-TrFE-CFE) 铁电层过早极化饱和，采用低介电损耗和介电常数的线性 PMMA 作为外层。该层可以承受高电场强度，也可以抑制电极的电荷注入，使得三层膜的最大放电能量密度为 7.03J/cm^3，效率高达 78%[233]。除了考虑每一层的独特性能外，还应注意界面的附着力和界面效应[234-236]。PMMA/PVDF 共混物外层与丙烯酸橡胶介电弹性体（DE）中间层之间的紧密界面是由介电弹性体中间层的黏弹性形成的。此外，共混 PMMA 可以抑制 PVDF 铁电畴的偶极子-偶极子相互作用，因为 PMMA 具有低极化损耗的线性极化特性[234]。此外，中间层和外层之间的界面可以阻碍击穿通道的传播，这有助于提高三层膜的击穿强度[57,237]。

对于无机/有机纳米复合夹层膜，许多研究致力于通过在外部层生长高击穿强度材料和在中间层生长高极化强度材料（BPB），或采用相反结构（PBP），协同提升极化性能和击穿强度。具体来说，纳米复合材料可以作为中间层[238-241]、外层[203,242-245]，也可以同时作为外层和中间层[246-252]。例如，GO/P(VDF-HFP) 纳米复合材料用于提高外层的介电常数，而线性 PMMA 作为中间层提供良好的绝缘，导致放电能量密度为 10J/cm^3，在 300MV/m 时效率为 77%[238]。将无机纳米纤维填充到 PVDF 基聚合物基体中作为纳米复合材料的中间层，其中高纵横比的 $Na_{0.5}Bi_{0.5}TiO_3$-$BaTiO_3$ NFs 可以增加电荷存储位点并提供高极化[239]，而 $Hf_{0.5}Zr_{0.5}O_2$ NFs 纳米复合材料作为阻挡层可以阻碍电子的运动并提高击穿强度[240]。此外，每层 BPB 或 PBP 三层薄膜都由纳米复合材料组成，外层填充 BNNS 填料，可以降低泄漏电流，提高绝缘性，而 $BaSrTiO_3$ NWs 或 MoS_2 纳米片的高极化填料填充到聚合物中作为中间层，在适当的填料含量下提供＞20J/cm^3 的优越储能密度[246,247]。

对于无机/有机叠层膜，无机功能层既可以作为中间层，也可以作为外层，以阻止电树传播[253,254]，增强界面极化[255]，并抑制电极的电荷注入[256]。Zhu 等人使用一种简单的逐层溶液浇铸工艺制备了夹有纳米级 BNNSs 绝缘中间层的 PVDF 薄膜。BNNS 中间层有效地阻断了电荷转移，减轻了局部电场畸变。与均匀填充 BNNS 的 PVDF 纳米复合材料（体积分数 5%～10%）相比，含有极低纳米填料含量（体积分数 0.16%）的 PVDF-BNNS-PVDF 三层薄膜的放电能量密度高达 14.3J/cm^3，击穿强度为 612MV/m[253]。此外，采用转移和热压工艺将厚度为 200nm 的外延（111）取向 $BaTiO_3$ 层嵌入到PVDF 层中，如图 3-15 所示。高极性、结晶良好的铁电 $BaTiO_3$ 中间层不仅提高了介电常数，而且由于界面极化和抑制电荷移动，提高了三层膜的击穿强度。

3.3.3 多层薄膜

为了充分利用层间界面的优势，优化电场分布，提出了构建多层（3 层以上）膜的概念，以提高结构的可设计性。然而，与双层和三层薄膜相比，增加层数使制造过程更加复杂。例如，使用溶液浇铸法时，总厚度过大和难以控制每层厚度可能是一个挑战。本节将从制备方法的角度讨论多层膜的研究现状。

改进的非平衡多通道静电纺丝技术已被用于制备成分梯度多层膜，这是一种新颖的拓扑结构，在不同的层中含有逐渐变化含量的无机填料[45,46,257-262]。Jiang 等人分别制备了以 $BaTiO_3$ NPs[257,258]、$Ba(Zr_{0.21}Ti_{0.79})O_3$ NFs (BZT NFs)[45] 和 BNNS[259] 填充的复合梯度多层膜。他们发现，可以通过调节层数来调节界面状态。邻近介电层之间的宏观界面不仅阻止了纳米复合膜内部的电荷迁移，而且抑制了电极的电荷注入[257]。热激去极化电流（TSDC）和相位模拟结果表明，增加介电/介电界面的数量可以诱导出与外电场相反的强去极化场，从而降低局部电场[258]。

特别是，互穿梯度结构有利于克服击穿强度和极化之间的权衡。如图 3-16(a) 所示，高极化 BZT NFs 的含量从表面（体积分数 0%）到中心（体积分数 10%）呈线性增加，而 BNNS 的含量

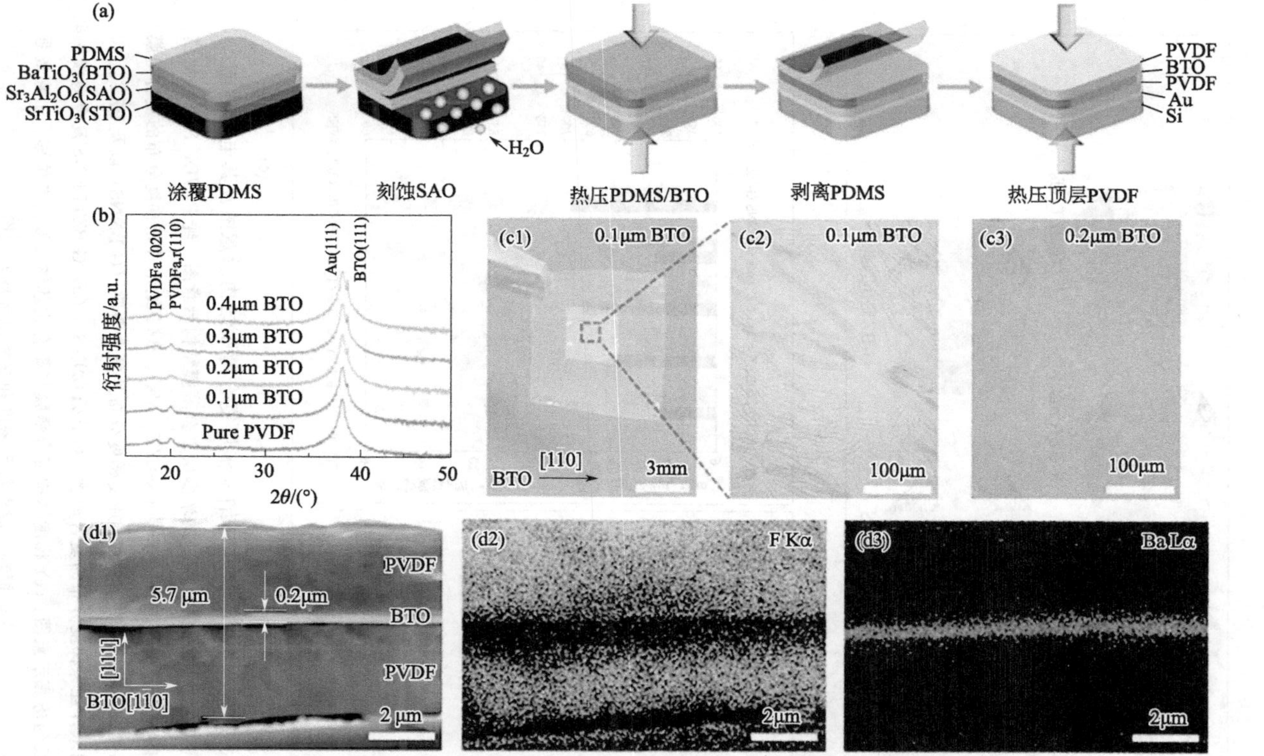

图 3-15 无机/有机 $BaTiO_3$/PVDF 叠层复合薄膜的基本特性

(a) 具有（111）取向 $BaTiO_3$ 中间层的三层复合薄膜制备工艺示意图；(b) $BaTiO_3$/PVDF 叠层复合薄膜的 XRD 图；(c) 不同厚度 $BaTiO_3$ 薄膜的 $BaTiO_3$/PVDF 叠层复合薄膜剥离后的光学图像；(d) $BaTiO_3$/PVDF 叠层复合薄膜的横截面 SEM 图像及其相应的 EDS 元素分布图

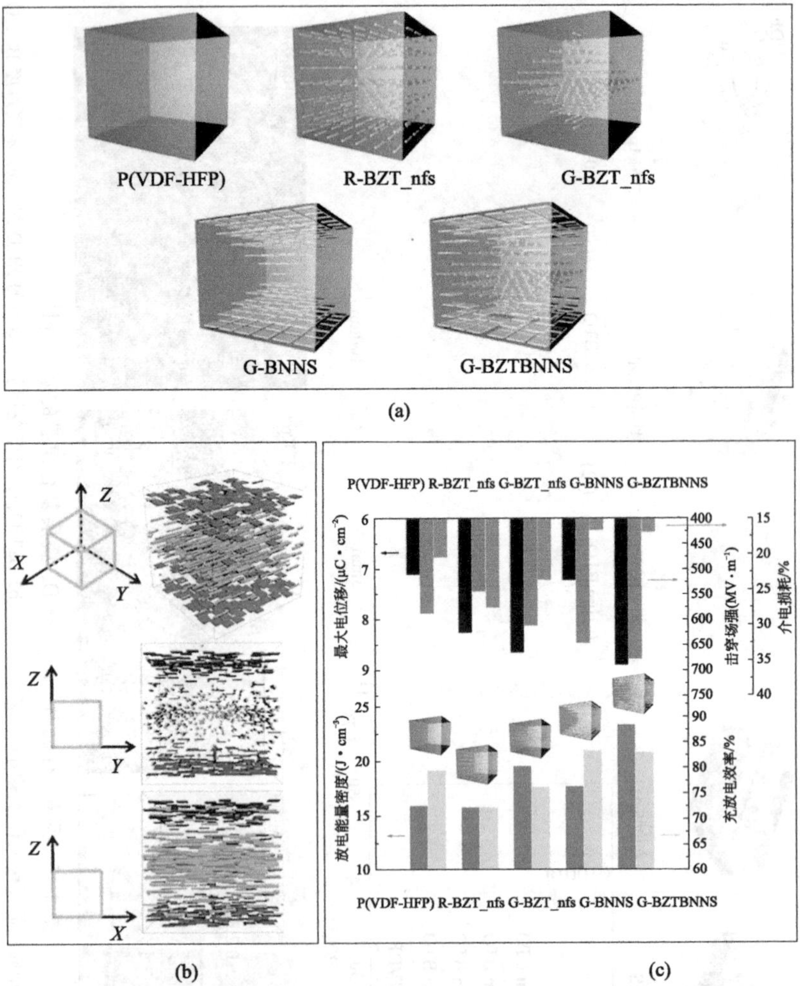

图 3-16　P（VDF-HFP）纳米多层复合薄膜结构示意图及其电学性能

(a) 不同结构的 P(VDF-HFP) 纳米多层复合薄膜结构示意图：纯 P(VDF-HFP) 薄膜、BZT 纳米片随机分布的复合薄膜（R-BZT _ nfs)、BZT 纳米片正梯度分布的复合薄膜（G-BZT _ nfs)、BNNS 纳米片反梯度分布的复合薄膜（G-BNNS）以及 BZT、BNNS 纳米片互穿梯度分布的复合薄膜（G-BZTBNNS)；(b) G-BZTBNNS 复合薄膜中电树枝生长的仿真示意图；(c) 梯度结构复合薄膜与聚合物基体的最大电位移、击穿场强、介电损耗、放电能量密度和充放电效率对比图沿膜厚方向呈相反的梯度结构。相位模拟结果表明，位于电极附近的 BNNS 可以增加势垒高度并抑制电荷注入，而 BZT NFs 的面内分布也会阻碍电树过程［图 3-16(b)］。G-BZTBNNS 薄膜同时具有 23.4J/cm^3 的高能量密度和 83%的超高放电效率[45]。当然，组分梯度设计也适用于通过改变 PMMA 和 PVDF 的共混量来制备全有机聚合物。在 800MV/m 下，梯度膜的放电能量密度高达 38.8J/cm^3，放电效率高达 80%以上[46]。

熔融挤出技术是另一种制造全有机多层膜的方法，由于纳米填料在高黏性聚合物熔体中严重团聚，因此该技术不适用于制备无机/有机复合薄膜[263-267]。该方法可制备 2～4096 层，总厚度可控制在 0.5mm ～ 1μm 之间，通过调整聚合物 A、B、C 的排列，可制备 ABABABAB 或 ABCABCABC 等不同构型的聚碳酸酯（PC)-P(VDF-HFP) 多层膜，由于微层膜中有大量的层和界面，与共混膜或单个膜相比，击穿强度显著提高。这为击穿和电荷迁移提供了障碍[263]。此外，PC 层的线极化具有较低的磁滞，且单层的几百纳米厚度诱导的纳米约束效应有利于阻碍离子迁移，降低 50PC-50PVDF 薄膜（总厚度约 12μm，单个层厚度约 380nm）的介电损耗和磁滞损耗[264]。然而，如果单层的厚度减小到 100nm 以下，则 PVDF 层中可用的空间电荷很少，这可以通过聚砜（PSF）层诱导导电并降低击穿强度[265]。因此，虽然熔融挤出法适用于工业生产，但为了获得最佳的介电性能，需要优化合适的层数和单层厚度。

溶剂铸造法也可用于制备多层薄膜，但要制备单层薄（≤3μm）且层数大（≥10）的多层薄膜仍然是一个挑战[268-274]。例如，原始 PVDF 和 $SrTiO_3$-$Na_{0.5}Bi_{0.5}TiO_3$/PVDF（SNBT/PVDF）分别作为外层、中间层来构建五层薄膜。总厚度约为 15μm，单层厚度为 3μm[269]。Gong 等分别选择石墨/PVDF、还原氧化石墨烯- $KNaNBO_3$/氰酸酯（CE）和 BN/CE 纳米复合材料作为导电层（C)、介电层（D）和绝缘层（I)。多层膜的介电性能可以通过改变六层膜中各层的堆叠顺序来调节。CDIDC 的对称结构在 100Hz 时产生最高的相对介电常数 886，能量增加 720%[270]。

与无机-有机夹层膜类似，多层膜也可以由无机层和有机层叠加而成。Li 等人采用旋涂、喷涂、热压等方法制备了 4 层 MXene、5 层 PVDF 的 $Ti_3C_2T_x$ MXene-PVDF 多层膜。这些薄膜在 1kHz 时具有高相对介电常数（41）和超低介电损耗因子（0.028），这是由于增强的界面极化和贯穿整个薄膜的导电路径的缺失[272]。Chen 等人利用比频磁控溅射在 P(VDF-TrFE-CFE)（PVTC）中分别镀薄一层 $BaZrTiO_3$（BZT）和 SiO_2 作为中间层和表面层。高介电常数的 BZT 层增强了极化，而 SiO_2 绝缘层提高了击穿场强。在 SiO_2-PVTC-BZT-PVTC-SiO_2 五层薄膜中，储能密度为 12.32J/cm^3，效率为 64.87%[273]。同样，采用原子层沉积与铸造相结合的方法制备了 Al_2O_3-PEI 多层膜，Al_2O_3 与 PEI 之间功函数的差异导致电子注入势垒增加，其击穿强度达到 800kV/mm。这些界面还阻止了电树穿透薄膜，从而在 3 层 Al_2O_3 和 2 层 PEI 的多层薄膜中产生了 8.59J/cm^3 的高放电能量密度，效率高达 93.8%[274]。

上述的双层、三层和多层薄膜已成为提高聚合物电容器薄膜室温储能性能的主流改性方法之一。各层之间的多功能集成和相邻层之间的界面对提高介电性能具有深远的积极作用。不仅增强了界面极化，而且极化顺序和电场分布变得灵活可调。图 3-17 展示了代表性层状薄膜的储能性能对比。可以看出，双层膜的放电能量密度达到了 40J/cm^3，略大于多层膜的 38.8J/cm^3。然而，改进的非平衡多通道静电纺丝技术虽然可以很容易地调节填料的分布和种类，但制造效率太低，无法满足工业生产。因此，在不久的将来，需要进一步研究开发简化的制备工艺，确保高界面质量，并使多层膜能够大规模生产。

多层薄膜的储能性能见表 3-9。

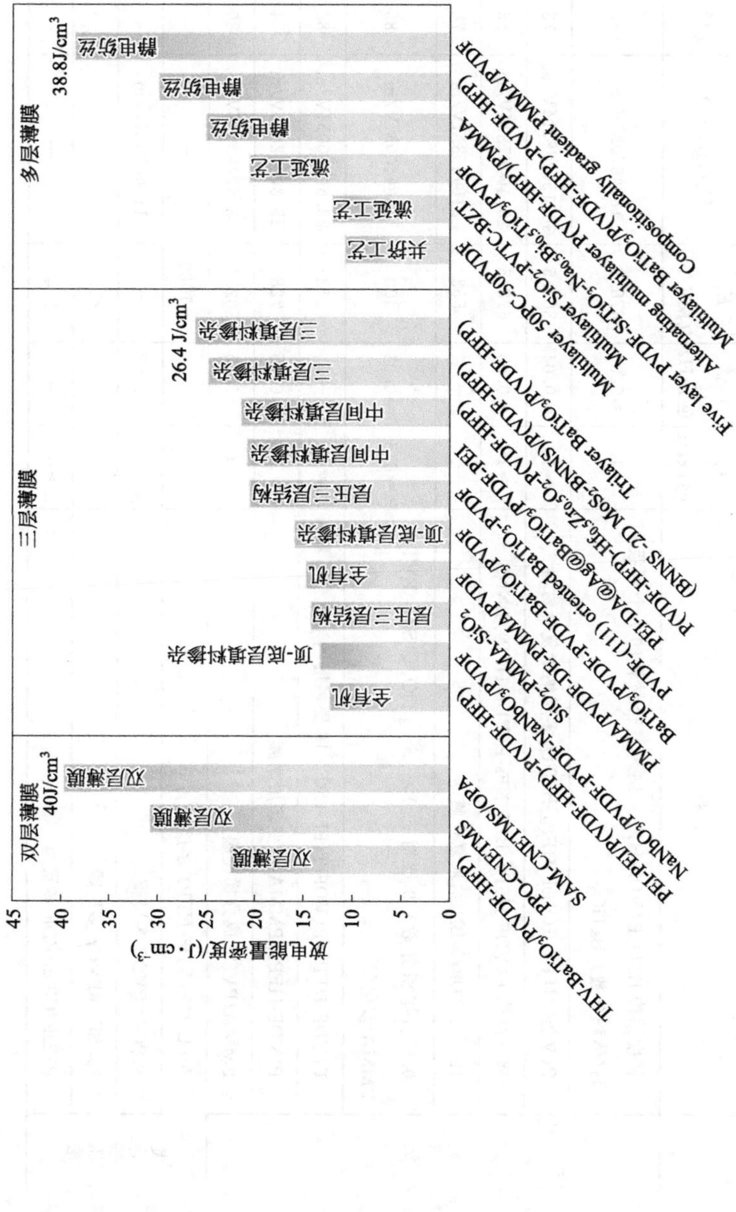

图 3-17　层状结构聚合物薄膜在室温下的放电能量密度对比图

表 3-9 多层薄膜的储能性能

	材料	ε_r @1kHz	$\tan\delta$ @1kHz	E_b /(MV/m)	U_e/(J/cm³)	η/%	参考文献
电纺法	梯度结构 BTO/P(VDF-HFP) 纳米复合材料的 7 个等级和 5%(体积分数) $BaTiO_3$	≈15	≈0.05	676.3	18@670MV/m	≈60	[257]
	P(VDF-HFP)/P(VDF-HFP)-$BaTiO_3$多层纳米复合材料	≈16	≈0.04	862.5	30.15@782MV/m	78	[258]
	梯度结构 P(VDF-HFP)/BZT NFs-P(VDF-HFP)/BNNS	≈16	≈0.05	678.5	23.4@678MV/m	83	[45]
	12 层 PVDF/h-BN 纳米复合膜	—	—	553	21@553MV/m	78	[259]
	0.5%(体积分数) 9 层对齐 $Ba_{0.6}Sr_{0.4}TiO_3$@SiO_2 PVTC/PMMA 多层膜	≈6.5	≈0.04	400	10@400MV/m	85	[260]
	P(VDF-HFP)/P(VDF-TrFE-CFE) 16 层多层纳米复合材料	≈27	—	612	22.6@600MV/m	85	[261]
	P(VDF-HFP)/PMMA 交变多层薄膜	≈7.5	≈0.05	728	25.3@728MV/m	84	[262]
	PMMA/PVDF 成分梯度膜	≈6	≈0.05	802.1	38.8@800MV/m	80	[46]
复合挤压法	70PC-30P(VDF-HFP) 多层膜	—	—	≈1000	—	—	[263]
	50PC-50PVDF 多层膜	—	≈0.02	—	11@450MV/m	—	[264]
	30PSF-70PVDF 多层膜	—	—	416	—	—	[265]
	PVDF/CB-cPVDF 多层膜	≈60	—	2.4	—	—	[266]

续表

	材料	ε_r @1kHz	$\tan\delta$ @1kHz	E_b /(MV/m)	U_e/(J/cm^3)	η/%	参考文献
铸造法	PVDF-$SrTiO_3$-6%(体积分数)$Na_{0.5}Bi_{0.5}TiO_3$/PVDF 五层膜	≈12	≈0.03	640	20.82@640MV/m	64.28	[269]
	Graphire/PVDF-$KNaNbO_3$/GO/PVDF-BN/CE 六层膜	≈850	≈0.05	1.72	0.018@1.72MV/m	35.6	[270]
	P(VDF-HFP)-15%(体积分数)$BaTiO_3$/P(VDF-HFP) 四层膜	≈20	≈0.05	368.82	4@240MV/m	71	[271]
	$Ti_3C_2T_x$ MXene-PVDF 多层膜	41	0.028	280	7.4@280MV/m	≈65	[272]
	SiO_2-PVTC-BZT 多层膜	10.22	0.022	425.4	12.32@430MV/m	64.87	[273]
	Al_2O_3-PEI 多层膜	3.4	0.005	806.6	8.59@750MV/m	93.8	[274]

·第4章·

耐高温聚合物薄膜

4.1　分子改性高温聚合物薄膜

伴随着碳化硅（SiC）、氮化镓（GaN）等新型宽禁带半导体材料在功率电子器件上的广泛应用与新能源汽车、电磁弹射、油气开采等领域的迅速发展，高温聚合物电容薄膜在恶劣工况下具有巨大的应用需求。为了提高聚合物电介质材料的最高许用温度，国内外研究者及业界开发生产了一系列具有高玻璃化转变温度（T_g）的高温介电聚合物，如聚酰亚胺（PI）、聚醚酰亚胺（PEI）、聚苯硫醚（PPS）、聚碳酸酯（PC）、芴聚酯（FPE）、聚四氟乙烯（PTFE）、二乙烯基硅氧烷-双苯并环丁烯（BCB）、芳香族聚脲（ArPU）等。这些高温聚合物具有大量高度共轭的芳香分子骨架，使其在高温环境中仍然保持良好的机械强度和热稳定性。与此同时，共轭体系引起的π-π堆积效应也使得禁带宽度降低，促进了载流子在热、电刺激下的激发、注入、输运，导致漏电流密度呈指数增长，实现高放电能量密度和高充放电效率仍面临严峻挑战。为了突破这一瓶颈，研究人员提出了基于分子链调控的改性策略，如接枝极性基团、构建交联网络以及修饰解耦共轭结构等，以抑制电导损耗。这些经过修饰的分子结构可以作为载流子捕获陷阱，降低传导损耗，从而显著提升能量存储特性。

4.1.1 接枝聚合物薄膜

研究人员发现，通过在聚合物分子侧链引入高偶极矩的官能团，可以有效调控聚合物的结构和性能。砜基（SO_2—）具有偶极矩大、体积小、易于取向极化的特点。Zhang 等人通过将 SO_2—基团引入聚苯醚（PPO）的刚性骨架上，合成了一种新型高温偶极子聚合物，即磺酰化聚（2,6-二甲基-1,4-苯醚）（SO_2-PPO）。高偶极矩的 SO_2—侧链有助于偶极子的无摩擦取向极化，使其能够在 PPO 刚性骨架的自由体积区域内自由旋转和调整构象，降低取向极化带来的损耗，从而提高介电常数。此外，SO_2—基团与电荷载流子之间的库仑作用产生额外的散射，进一步降低泄漏电流密度。因此，SO_2-PPO 表现出优异的高温储能特性[275]。同时，高偶极矩的砜基也被用于改善自聚微孔聚合物（PIMs）[276] 和聚醚醚酮（PEEK）[277] 的高温储能性能。研究人员还通过超声喷涂法成功制备出具有偶极基团氟甲基（—CF_3）的氟化聚酰亚胺（F-PI）。—CF_3 的成功引入增加了分子链间距，同时产生了更高的电荷陷阱密度，抑制了聚合物链间和沿链的电荷迁移，从而显著提高了高温下的击穿强度和能量存储性能[38]。与 SO_2—和—CF_3 等极性基团类似，丙烯酸（AA）含有的—COOH 基团可以通过紫外线辐照接枝到双向拉伸聚丙烯（BOPP）的分子主链，产生更高的陷阱能级和陷阱密度，有效抑制了载流子输运并在高温环境下表现出优异的击穿强度[14]。除紫外辐照接枝外，Li 等人采用简便、绿色的水相悬浮法，将改性基团成功接枝到 BOPP 分子链上，接枝的极性官能团可以作为深陷阱阻碍电荷载流子的传输，从而显著降低漏电流密度[278]。通过将弱极性基团引入聚芳酰胺（PA）的刚性骨架中，可以抑制原始分子链间的氢键相互作用。同时，聚合物薄膜在 280℃热处理 12 小时后会产生更多的分子链间自由体积，分子间氢键的抑制与自由体积的增大有利于增强偶极子的翻转能力。改性后的 PA 具有良好的介电稳定性，在 200℃可实现 2.1J/cm^3 的高放电能量密度和 86.8%的充放电效率[279]。除极性基团外，具有宽带隙（E_g≈6.6eV）的氨基笼型聚倍半硅氧烷与 PI 分子链末端相连，可以提高 PI 复合薄膜的禁带宽度并引入局部深陷阱，显著抑制了载流子输运。200℃时，复合薄膜表现出优异的放电能量密度（3.45J/cm^3），充放电效率>90%[280]。此外，研究人员通过在线性聚合物 PMMA 中引入较大体积的吸电子结构单元——乙烯基喹啉（VQQ），可以同时实现介电弛豫和传导损耗的抑制。高电子亲和能的 VQQ 基团可以作为捕获载流子的陷阱位点，有效提高了聚合物的陷阱能级与陷阱密度。改性后的 PMMA 储能特性显著提高，在 100℃时放电能量密度为 13.5J/cm^3，效率为 90.5%[281]。

4.1.2 交联聚合物薄膜

除了通过接枝改性引入载流子捕获陷阱外，分子链的交联也可以形成深陷阱，从而显著增强聚合物的热稳定性和介电性能[282-286]。研究人员通过熔融共混的方法，以聚三氟氯乙烯-偏二氟乙烯［P(CTFE-co-VDF)］为基体，过氧化二异丙胺为引发剂，三烯异氰尿酸盐为交联剂，制备了一种新型高分子聚合物 XL-VK。交联网络结构形成了深层和浅层的电荷陷阱位点，从而显著降低了跳跃传导距离[282]。同时，如图 4-1(a)、(b) 所示，刚性的网络结构增强了聚合物薄膜的机械强度，例如，交联聚（苯乙烯-马来酸酐）(CS-ODA) 的杨氏模量增强至 1.1GPa。根据电击穿理论，增强的分子间作用力和交联结构有利于形成深陷阱中心［图 4-1(c)］，从而显著提高了交联聚合物的击穿强度。如图 4-1(d) 所示，在 150℃和 650MV/m 的条件下，CS-ODA 的放电能量密度达到了 7.02J/cm^3，且效率高于 90%[283]。值得注意的是，聚合物的交联度与其储能特性密切相关。研究人员通过调控交联化学反应的温度和时间，制备了不同交联度的自交联 PEI 聚合物。通过表征其凝胶含量和分子量分布发现，适当的交联度可以改善 PEI 聚合物的高温储能特性。在 150℃时，放电能量密度达到 3.6J/cm^3，充放

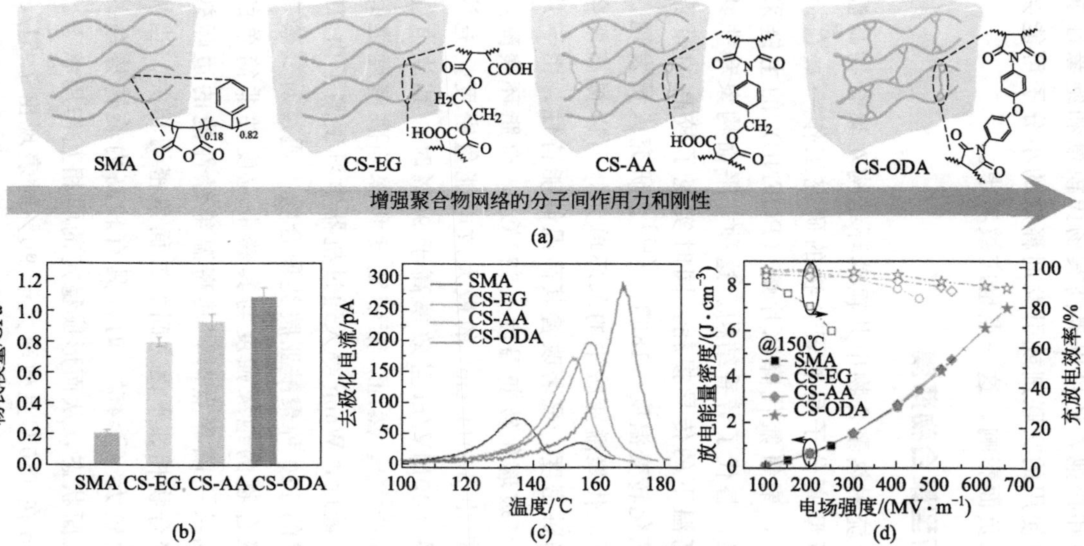

图 4-1 交联聚合物分子结构及其电学性能

(a) SMA 及其交联聚合物的结构示意图：线性结构的 SMA 聚合物、酯交联结构的 CS-EG 聚合物、半酯交联和半酰亚胺交联结构的 CS-AA 聚合物、酰亚胺交联结构的 CS-ODA 聚合物；(b) 不同聚合物在高温下的杨氏模量；(c) SMA 及其交联聚合物的热激励去极化电流曲线；(d) 150℃下 SMA 及其交联聚合物的放电能量密度和充放电效率随电场强度变化的对比图，聚（苯乙烯-共-马来酸酐)(摩尔分数 18%马来酸酐，记作 SMA）与一系列交联剂［即乙二醇（EG)、4-氨基苄醇（AA）和 4,4′-二氨基二苯醚（ODA)］共混并加热，制备了一系列交联 SMA 聚合物，分别标记为 CS-EG、CS-AA 和 CS-ODA

电效率为 96.5%[284]。综上所述，交联结构不仅可以限制聚合物分子链段的运动和松弛，还可以提高其杨氏模量和绝缘性能。然而，交联反应中使用的交联剂或引发剂释放的小分子可能会对高分子聚合物带来负面影响，这一点也应被考虑。

4.1.3 新型聚合物薄膜

为了抑制传统耐热聚合物中共轭苯环结构对聚合物高温储能性能的影响，新型高分子耐热聚合物的研究工作一直在持续进行[287-292]。例如，聚氧氟代降冰片烯（POFNB）的主链采用饱和双环结构骨架，替代了芳香结构。这种非平面构象和非共轭骨架有效抑制了高温下的传导损耗，同时实现了较高的带隙宽度（4.9eV）和玻璃化转变温度（186℃）[287]。研究人员发现，将刚性非共面的脂环取代聚酰亚胺中的苯环单元，可以提高聚合物的禁带宽度和深陷阱密度，显著改善其高温储能特性。由于其宽带隙（4.6eV）和高玻璃化转变温度（277℃），全脂环聚酰亚胺在200℃条件下表现出 5.01J/cm^3 的最大放电能量密度，充放电效率为 78.1%。在 600MV/m 且效率高于 90%时，其放电能量密度达到 2.55J/cm^3[290]。然而，禁带宽度和深陷阱密度之间并没有明确的关系。最近，Wang 等人通过机器学习预测了由 21 种结构单元组合而成的 110 种聚酰亚胺类聚合物。通过对其禁带宽度的分析发现，聚合物的绝缘强度与其禁带宽度并非简单的正相关。当带隙达到某一临界点时，其高温绝缘性能的边际效用递减，这与这些聚合物相邻平面之间的二面角密切相关。当相邻苯环之间的二面角较大（≥45°）时，具有较高内旋转势垒的分子结构更难接近共面状态，从而形成稳定的弱相互作用状态。非共面聚合物 PEI-iso 在 150℃且效率大于 90%时表现出 7.5J/cm^3 的超高储能密度，佐证了这一观点。同时，PI-oxo-iso 在 200℃时的放电能量密度达到 5.324J/cm^3。更值得注意的是，PI-CF_3-iso 在250℃时表现出前所未有的储能性能，储能密度为 2.1J/cm^3，效率为 90%[291]。聚酰亚胺可由不同功能的二酐和二胺单体通过两步法酰亚胺化反应制备。由于反应单体的多样性，聚酰亚胺在制备过程中展现出优异的合成灵活性，上述工作也为新型高温介电聚合物设计与制备提供了新的思路。此外，Chen 等人合成了一类梯形共聚物 PSBNP-co-PTNI，其通过 π-π 堆叠相互作用自组装成高度有序的阵列。这是首次将梯形聚［N-4-氨基苯磺酰双（降冰片烯吡咯烷）］（PSBNP）与高电子亲和力的聚［N-4-氨基苯三氟乙基-降冰片烯亚胺］（PTNI）共聚，如图 4-2(a) 所示。由于 PTNI 的电子亲和力（4.03eV）高于 PSBNP(3.14eV)［如图 4-2(b) 所示］，在 $PSBNP\text{-}co\text{-}PTNI_{0.02}$ 中形成了 1.51eV 的深陷阱能级，能够有效捕获注入的电荷并防止俘获的电子脱陷。这使得 $PSBNP\text{-}co\text{-}PTNI_{0.02}$ 在 200℃时的漏电流密度相比纯 PSBNP 降低了一个数量级［如图 4-2(c) 和图 4-2(d) 所示］。此外，π-π 堆叠

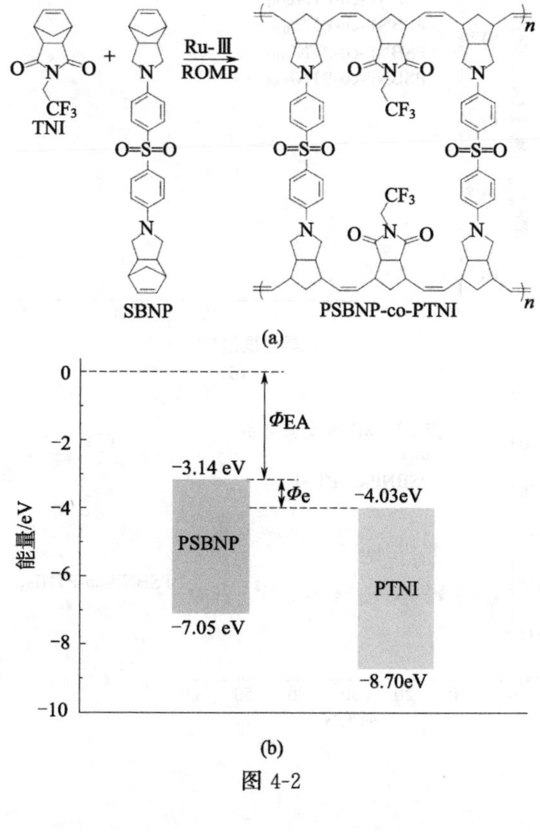

图 4-2

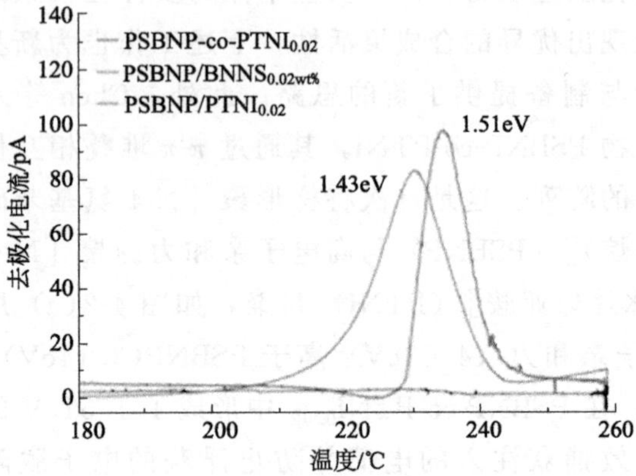
PSBNP-co-PTNI$_{0.02}$
PSBNP/BNNS$_{0.02wt\%}$
PSBNP/PTNI$_{0.02}$
1.51eV
1.43eV
去极化电流/pA
温度/℃
0
20
40
60
80
100
120
140
180
200
220
240
260

(c)

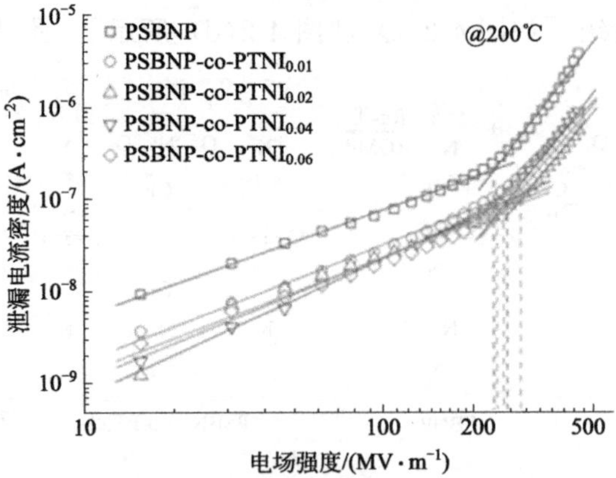
PSBNP
PSBNP-co-PTNI$_{0.01}$
PSBNP-co-PTNI$_{0.02}$
PSBNP-co-PTNI$_{0.04}$
PSBNP-co-PTNI$_{0.06}$
@200℃
泄漏电流密度/(A·cm^{-2})
电场强度/(MV·m^{-1})
10^{-5}
10^{-6}
10^{-7}
10^{-8}
10^{-9}
10
100
200
500

(d)

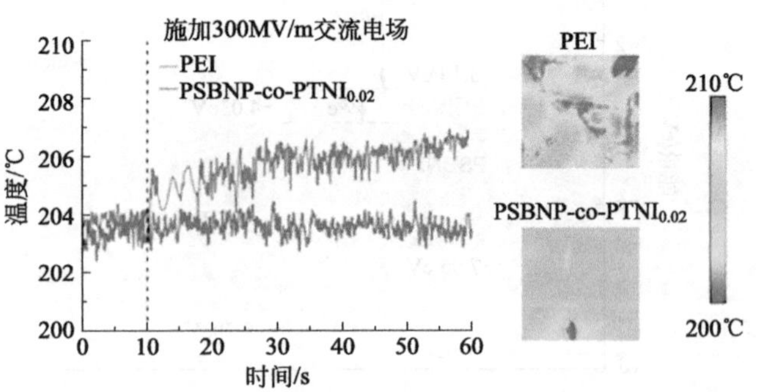
施加300MV/m交流电场
PEI
PSBNP-co-PTNI$_{0.02}$
温度/℃
时间/s
200
202
204
206
208
210
0
10
20
30
40
50
60
PEI
PSBNP-co-PTNI$_{0.02}$
210℃
200℃

(e)

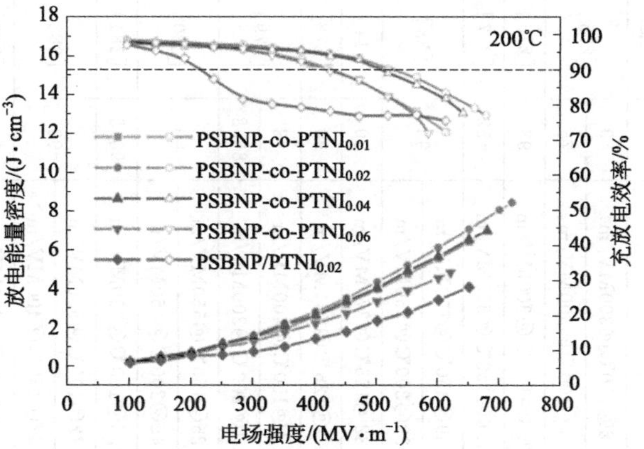

(f)

图 4-2 PSBNP-co-PTNI 制备流程示意图及其电学性能

(a) 合成 PSBNP-co-PTNI 的示意图；(b) PSBNP 和 PTNI 的能带结构图；(c) $PSBNP\text{-}co\text{-}PTNI_{0.02}$、$PSBNP/BNNS_{0.02wt\%}$、$PSBNP/PTNI_{0.02}$ 复合薄膜的热激励去极化电流曲线；(d) PSBNP 和 PSBNP-co-PTNI 共聚物在 200℃时的泄漏电流密度曲线；(e) 300MV/m、200℃下 PEI 和 $PSBNP\text{-}co\text{-}PTNI_{0.02}$ 在 10Hz 交流电场下连续充放电循环中的温度演变曲线；(f) PSBNP-co-PTNI 共聚物薄膜和 $PSBNP/PTNI_{0.02}$ 共混复合薄膜在 200℃下的放电能量密度和充放电效率曲线

结构提供了 1.96W/(m·K) 的超高面内热导率，使得在 200℃和 300MV/m 下循环时内部温度几乎不变［图 4-2(e)］，在 200℃时表现出 8.37J/cm^3 的放电能量密度[292]。

分子链调制聚合物薄膜的高温介电储能如表 4-1 所示。

4.2 掺杂改性高温聚合物薄膜

4.2.1 有机掺杂聚合物薄膜

掺杂改性是提高聚合物介电薄膜高温储能特性最简单且有效的策略。该方法通过利用填料的本征属性或填料与聚合物基体之间的界面效应引入电荷陷阱，从而抑制载流子的迁移并降低高温下的传导损耗。掺杂有机填料或将两种聚合物共混已被证明可以改善聚合

表 4-1 分子链调制聚合物薄膜的高温介电储能

	材料	ε_r @1kHz	$\tan\delta$ @1kHz	E_b/(MV/m)	U_e/(J/cm^3)	η/%	参考文献
分子链工程	SO_2-PPO25	5.9	0.003	913	2.2@150℃@300MV/m	80	[275]
	SO_2-PPO52	8.2	0.007	800	≈3@100℃@300MV/m	75	
	SO_2-PIMs	5.3	0.005	—	≈2.3@150℃@300MV/m	93	[276]
	SO_2-PEEK	≈4.8	≈0.009	—	≈1.6@150℃@350MV/m	≈52	[277]
	F-PI/PCBM	≈3	≈0.01	815@150℃	6.39@150℃@700MV/m	90	[38]
					4.39@200℃@560MV/m		
	AA-BOPP	2.42	0.007	532.1@125℃	1.32@125℃@370MV/m	90	[14]
	BO-(PP-g-MMA)	2.2	0.006	764@125℃	4.5@125℃@764MV/m	90	[278]
	Ht-PEKAN	4.5	0.01	400@150℃	3.1@150℃@400MV/m	93	[279]
				350@200℃	2.1@200℃@300MV/m	86.8	
	NH_2-POSS-PI	≈3	≈0.003	610@150℃	5.25@150℃@550MV/m	90	[280]
				525@200℃	3.45@200℃@450MV/m		
	VQQ-PMMA	≈3	—	750@100℃	13.5@100℃@750MV/m	90.5	[281]
	XL-VK	3.19	0.0252	604@100℃	4.72@100℃@550MV/m	90	[282]
				494@150℃	2.67@150℃@400MV/m		
	CS-ODA	3.53	0.0027	641.7@150℃	7.02@150℃@650MV/m	90	[283]
	交联 PEI	3.9	0.003	—	3.6@150℃@500MV/m	96.5	[284]
	交联环氧树脂	4.4	0.013	610@25℃	1@120℃@200MV/m	90	[285]

续表

	材料	ε_r @1kHz	$\tan\delta$ @1kHz	E_b/(MV/m)	U_e/(J/cm^3)	η/%	参考文献
分子链工程	COC-UV	≈2.6	≈0.004	644.8	3.34@150℃@500MV/m	95	[286]
	POFNB	2.5	0.005	—	5.7@150℃@680MV/m	≈75	[287]
	5p-PEI	≈3	≈0.003	—	0.5@200℃@400MV/m	91	[288]
	PNFA	4	0.01	577@150℃	2.7@150℃@400MV/m	90	[289]
	CBDA-DCHM	≈2.6	≈0.003	620@150℃	5.21@150℃@600MV/m	80	[290]
				605@200℃	4.61@200℃@550MV/m	70	
	CBDA-TFMB	≈2.7	≈0.01	556@150℃	5.01@150℃@600MV/m	80	
				497@200℃	3.86@200℃@500MV/m	70	
	PEI-iso	—	—	700@150℃	7.5@150℃@700MV/m	90	[291]
	PI-oxo-iso	≈3.1	≈0.0025	600@200℃	5.324@200℃@600MV/m	90	
	PI-CF_3-iso	—	—	500@250℃	2.1@250℃@400MV/m	90	
	PSBNP-co-PTNI$_{0.02}$	≈4.3	≈0.007	767@150℃	10.42@150℃@760MV/m	80	[292]
					6.18@150℃@～600MV/m	90	
				730@200℃	8.37@200℃@720MV/m	76	
					5.34@200℃@～550MV/m	90	

物在高温环境下的介电绝缘性能。该策略完全采用有机材料，使其成为商用电容薄膜生产中最具应用潜力的方法[75,147,149,293-297]。

李教授通过共混的方式将三种具有不同电子亲和力的商用分子半导体（ITIC、PCBM、DPDI）作为填料引入 PEI 中[75]。通过有机半导体电子受体表面静电势的不均匀分布，期望实现对注入和激发自由电子的强束缚作用，从而提高 PEI 薄膜的高温储能性能。研究结果表明，掺杂有机半导体可以产生 1.5eV 的深陷阱，这大于目前大多数纳米复合材料的陷阱能级（通常低于 1eV）。在 0.25%～0.75%(体积分数）的超低掺杂含量下，全有机复合薄膜在 200℃时的储能密度达到 3J/cm^3，且放电效率保持在 90%以上[75]。此外，N 型分子半导体 NTCDA 和 PTCBI 也以超低的含量掺杂到 PEI 基体中[147,293]。研究表明，添加 NTCDA 填料可以形成 1.42eV 的深陷阱，并在 PEI 基体中捕获 31.5nC 的空间电荷。这使得复合薄膜的泄漏电流密度降低了 40%，并显著提高了复合薄膜的高温击穿强度[289]。与有机半导体随机分散在聚合物基体中的策略不同，通过调整填料的含量和填充层的厚度，可以实现均匀的陷阱分布[294]。图 4-3 展示了陷阱浓度［填料含量为 0.5%(体积分数)］和位置（例如填充层位于总厚度的三分之一处）对抑制电荷传输的深远影响。全有机 PEI 薄膜在效率超过 90%的情况下，表现出 6.3J/cm^3 的超高放电密度。

除了掺杂分子半导体外，不同聚合物共混也是提高高温储能性能的有效策略[149,296]。由于 PEI 和 PI 分子链间强烈的静电相互作用，PEI/PI 共混物实现了分子链段的紧密堆砌，自由体积的减小降低了电介质材料的薄弱点击穿概率。在 200℃时，PEI/PI 共混物的电击穿强度提高了 35%[296]。金属有机骨架聚合物（MOFs）是一种有机-无机杂化材料，也称作配位聚合物。研究人员通过将 PEI 分子链中的—NH_2 基团与 MOFs 中的 Zn^{2+} 配位连接，构建了动态多位点键合网络。由于多位点键合网络在高温下的动态稳定性，复合材料在 150℃下表现出超高的击穿强度，与纯 PEI 相比提高了 85.2%[297]。

掺杂技术的相关应用见表 4-2。

表 4-2 掺杂技术在聚合物薄膜高温介质储能中的应用

聚合物基体	填料	掺杂含量	ε_r @1kHz	tanδ @1kHz	E_b/(MV/m)	U_e/(J/cm^3)	η/%	参考文献
PEI	PCBM	0.5%(体积分数)	3.2	0.001	664@150℃	4.5@150℃@500MV/m	90	[75]
					649@200℃	3@200℃@430MV/m		
PEI	NTCDA	0.5%(体积分数)	3.2	0.005	630@150℃	5.14@150℃@600MV/m	90	[293]
					510@200℃	3.23@200℃@450MV/m	85	
PEI	PTCBI	1%(质量分数)	≈4.5	≈0.02	485@25℃	5.12@100℃@500MV/m	82	[147]
PEI(非均匀掺杂)	ITIC	0.5%(体积分数)	3.2	0.002	≈560@150℃	6.37@150℃@560MV/m	90	[294]
					≈480@180℃	4.3@180℃@430MV/m		
PEI	ITIC@PI	0.25%(体积分数)	≈3.3	≈0.003	578@150℃	2.9@150℃@300MV/m	90	[295]
PEI	MOFs	1%(质量分数)	≈3.3	≈0.005	588.1@150℃	3.83@150℃@520MV/m	75.9	[297]
PEI 混合物	PI	50%(体积分数)	≈3	≈0.01	550@200℃	1.4@200℃@450MV/m	—	[296]
PVDF	ABS	40%(体积分数)	≈6.5	≈0.04	402@100℃	11.42@100℃@425MV/m	75.8	[149]
c-BCB	BNNS	10%(体积分数)	≈3.1	≈0.007	421@150℃	2.2@150℃@400MV/m	90	[298]
					416@200℃	2@200℃@400MV/m	80	
					403@250℃	1.8@250℃@400MV/m	70	
0.87PI-0.13PAA	BNNS	0.1%(体积分数)	≈4	≈0.01	636@25℃	1.38@150℃@400MV/m	96	[299]
c-DPAEK	BNNS	10%(体积分数)	3.4	0.005	536@25℃	3.83@150℃@500MV/m	90.6	[300]
PEEU	Al_2O_3	0.21%(体积分数)	7.4	≈0.08	500@150℃	5@150℃@400MV/m	90	[81]
PP	MgO	3%(质量分数)	2.47	0.0006	501@120℃	1.66@120℃@400MV/m	90	[301]

续表

聚合物基体	填料	掺杂含量	ε_r @1kHz	$\tan\delta$ @1kHz	E_b/(MV/m)	U_e/(J/cm^3)	η/%	参考文献
PEI	SiO_2	5%(体积分数)	≈3.9	0.005	608@150℃	6.3@150℃@620MV/m	90.5	[302]
PI	Al_2O_3	7%(体积分数)	≈3.7	≈0.003	422@150℃	1.12@150℃@250MV/m	93.7	[303]
PI	HfO_2	5%(体积分数)	3.76	≈0.0025	397@150℃	1.21@150℃@250MV/m	91	
PI	TiO_2	1%(体积分数)	≈3.5	≈0.0025	340@150℃	1.11@150℃@250MV/m	81.8	
PEI	ZrO_2@Al_2O_3	11%(体积分数)	3.89	0.004	585@150℃	3.11@150℃@400MV/m	92.6	[304]
						5.19@150℃@500MV/m	80	
PI	$Ca_2Nb_3O_{10}$@Al_2O_3	1%(质量分数)	4	0.004	501.5@25℃	3.27@150℃@400MV/m	95.7	[305]
PI	$BaTiO_3$ NFs	1%(体积分数)	≈4	≈0.02	553@25℃	2.98@150℃@400MV/m	92	[306]
PI	MAX 纳米片	3%(质量分数)	≈3.78	≈0.002	309@100℃	1.19@100℃@400MV/m	61.2	[307]
PEI	BT/BNNS	1.27%(体积分数)/6.05%(体积分数)	≈3.4	0.0053	547@150℃	2.92@150℃@400MV/m	≈67	[308]
PEI	$Bi_2Ti_2O_7$ NFs	5%(体积分数)	4.8	≈0.005	590@150℃	6.46@150℃@590MV/m	80	[309]
PEI	$BaTiO_3$@BNNFs	3%(体积分数)	≈4	≈0.01	507.4@150℃	5.23@150℃@450MV/m	90	[310]
PEI	Al_2O_3	0.75%(体积分数)	≈3.3	≈0.004	588@200℃	6.8@200℃@600MV/m	95	[80]

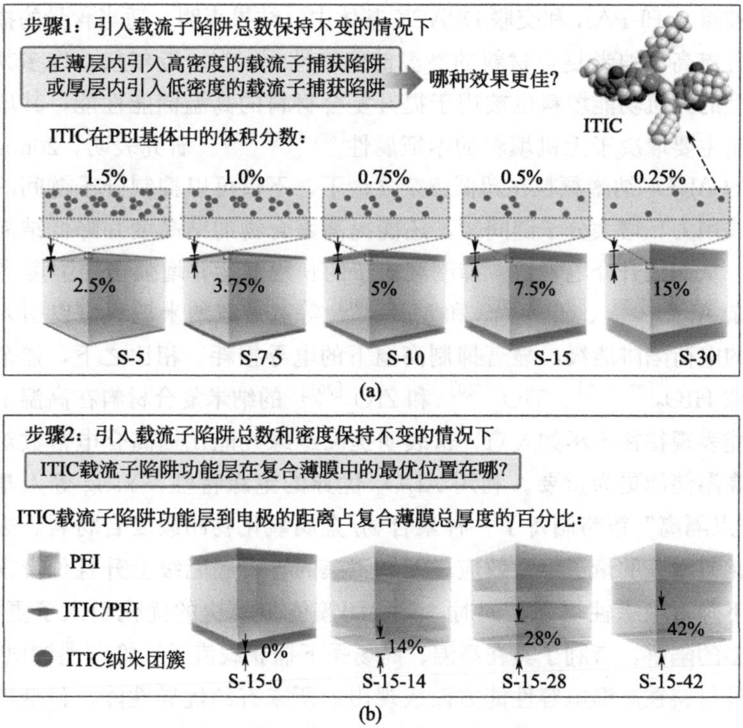

图 4-3　全有机 ITIC/PEI 薄膜结构示意图

(a) 不同载流子俘获陷阱浓度（其中 S-x 的 x 表示共混层厚度占总体复合薄膜厚度的百分比）；(b) 不同载流子俘获陷阱功能层位置的 ITIC/PEI 复合薄膜结构示意图［其中 S-x-y 的 x 含义同图 (a)，y 表示共混层底层到复合薄膜底层的距离占总体复合薄膜厚度的百分比］

4.2.2　无机掺杂聚合物薄膜

正如 3.2 节所述，界面相容性和无机/有机纳米复合材料的宏量制备仍是从实验室研究到工业生产的主要瓶颈。然而，将宽带隙而非高介电常数的无机填料掺入聚合物薄膜的策略在提高高温储能性能方面取得了重大进展。Li 等人制备了可在 250℃下工作的 BNNS/c-BCB 纳米复合介电薄膜。宽带隙（5.97eV）和高热导率［300W/(m・K)］的无机填料 BNNS 的引入不仅抑制了高温下的传导损耗，同时还提高了复合材料的杨氏模量和热导率[298]。在后续研究中，BNNS 无机填料分别被掺入 PI-PAA 和交联 DPAEK 基体中，结果表明，适当含量的掺杂显著提高了纳米复合材料的高温储能特性[299,300]。近年来，许多其他类型的无机功能填料也被用于提升复合材料的高温储能性能，其增强机制主要取决于无机填料的本征属性[80,81,301-310]。研究表明，20nm 粒径的 Al_2O_3 纳米颗粒在超低掺杂含量下，不仅可以抑制分子链间的相互作用力、增大分子链间距，还能提高聚合物的结晶度并降低结晶尺寸，从而提升介电常数、抑制载流子的长程输运并增强击穿强度[295]。掺杂 Al_2O_3[299]、SiO_2[81] 和 MgO[301] 等宽带隙纳米填料可以引入更高的电荷陷阱能级，显著抑制高温下的电导损耗。相比之下，掺杂低带隙 HfO_2[300,302]、TiO_2[300] 和 ZrO_2[303] 的纳米复合材料在高温下的储能表现往往不尽如人意，这表明提高绝缘性能比提高介电常数对增强高温储能更为重要。利用 Al_2O_3 优异的绝缘特性，Yang 等人基于“位点隔离”策略制备了一种聚合物/金属氧化物团簇复合材料。通过氧化铝团簇的量子尺寸效应，无机团簇的导带底能级上升且价带顶能级下降，绝缘性增强。同时，无机团簇能带结构的优化引入了更深、更多的陷阱，有利于其在高温、高场强下捕获载流子，抑制泄漏电流。这种材料在高温电容性能方面表现出前所未有的优异性能，包括巨大的储能密度（$6.8J/cm^3$）和超高放电效率（95%）[80]。

4.3 多层结构高温聚合物薄膜

与分子链结构调控和掺杂改性策略相比，多层结构设计因层间界面的引入，通常聚焦于更大尺度的调控。多层结构的构建旨在利用界面效应和各层的本征属性，减少来自金属电极的电荷注入或抑制介质内部的电荷迁移，从而显著降低复合薄膜的电导损耗，并提高其高温储能性能。近年来，研究人员设计了全有机结构、无机/有机纳米复合结构和无机阻挡层复合结构三种多层结构，用于提升多层电容薄膜的高温储能特性。

4.3.1 全有机多层聚合物薄膜

全有机多层复合薄膜通常由线性极化层或耐热层与铁电极化层

结合构建而成，例如 HTPC/PVDF、PSF/PVDF 和 PET/P(VDF-HFP)。其中一层提供高击穿强度、低介电损耗和优异的耐热性能，而另一层则具有高介电常数[62,311-313]。研究人员采用强制组装技术共挤出具有 33 层交替层的 HTPC/PVDF 和 PSF/PVDF 多层复合薄膜（复合薄膜的两侧分别为玻璃化转变温度为 165℃的 HTPC 或 185℃的 PSF)，总厚度为 12μm。界面极化产生的电荷作为陷阱，可以抑制金属电极的电子或离子注入薄膜内部[62,311]。值得注意的是，与铁电极化层 PVDF 作为外层相比，耐热层 HTPC 作为多层复合薄膜的外层时，与金属电极形成较高的界面势垒，可以有效降低同型电荷的注入，这与最初认为 HTPC 外层在高电场强度下会引发更显著电荷注入的假设相反[62,312]。此外，研究表明，注入的同型电荷可以在界面区域被杂质离子中和，限制电荷的迁移并降低传导损耗[314]。多层复合薄膜外层的另一个优势是能够使聚合物薄膜表面平整，避免由于表面粗糙度引起的局部电场集中。例如，通过在 PTFE 薄膜表面涂覆一层薄的环氧树脂层，表面粗糙度从 35.1nm 降低到 5.85nm，这有助于增强复合薄膜的击穿强度和高温储能性能[315]。

4.3.2 无机/有机多层聚合物薄膜

三明治结构的无机/有机纳米复合材料是提高高温储能性能的常见设计。与传统的单层结构相比，三明治结构通过在不同层中引入不同功能的填料，能够整合各层的特性，从而在高温下同时提高介电常数和绝缘强度[316-320]。例如，BNNS 和 Al_2O_3 常被用作无机填料，它们具有优异的绝缘性能，可有效抑制载流子在聚合物链间和沿链的电荷迁移，从而显著降低高温下的电导损耗。尽管相场模拟结果表明，泄漏电流密度与多层纳米复合薄膜中的层序无关[316]，但当绝缘层作为外层时，其储能性能明显优于极化层作为外层的情况[317-319]。

4.3.3 无机阻挡层多层聚合物薄膜

金属电极向聚合物薄膜的肖特基发射是高温传导损耗的主要来

源，导致储能性能的下降。因此，研究人员探索了在聚合物薄膜表面生长无机阻挡层的方法，以提高金属电极/聚合物薄膜界面的势垒高度，从而抑制电荷注入并降低电导损耗。厚度从几纳米到数百纳米不等的无机阻挡层可以通过多种物理或化学方法轻松制备，例如磁控溅射、化学气相沉积或溶液浇铸等[13,74,76,321-331]。

研究表明，引入绝缘的 h-BN 无机阻挡层可以提高金属电极/h-BN 层以及 h-BN 层/聚合物薄膜的界面势垒高度，这是由于界面两侧的能带对齐导致的[321-323]。除了 h-BN，一些宽带隙氧化物如 SiO_2[74,324]、蒙脱土（MMT）[76,325] 和 Al_2O_3[326-329] 也被用作无机阻挡层材料，对抑制高温、高电场强度条件下电极的电荷注入具有显著的正面效果。例如，通过在 BOPP 薄膜表面涂覆 SiO_2（$E_g \approx 9eV$），电极/电介质界面处电子和空穴的势垒高度从 Au/BOPP 界面的 3.9eV 和 1.3eV 增加到 Au/SiO_2 界面的 4.3eV 和 4.7eV，这意味着电荷注入聚合物薄膜的难度增加，从而增强了高温储能性能[74]。由肖特基发射导致的泄漏电流不仅取决于势垒高度，还取决于无机阻挡层的本征电学参数。因此，兼具宽带隙和高介电常数的无机功能材料有利于抑制来自金属电极的电荷注入。然而，在单一材料中很难同时实现宽带隙和高介电常数，因此平衡无机阻挡层的带隙和介电常数至关重要。研究表明，相较于 SiO_2（$E_g \approx 9eV$，$\varepsilon_r \approx 4$）阻挡层，Al_2O_3（$E_g \approx 7.9eV$，$\varepsilon_r \approx 9$）或 AlN（$E_g \approx 6.2eV$，$\varepsilon_r \approx 9$）作为阻挡层能显著降低泄漏电流并提高高温储能性能[13,328]。例如，在聚砜薄膜表面涂覆一层 5.1nm 的 Al_2O_3 薄层，可在 150℃ 下实现 714MV/m 的超高电击穿强度和 8.64J/cm^3 的最大放电能量密度，如图 4-4(a) 和 (b) 所示。高温绝缘性能的提升可通过图 4-4(c) 显示的电极/电介质界面的能带图解释，由于带隙较大和电子亲和势较小，电子和空穴的势垒高度从 Au/聚砜界面的 2.5eV 和 1.4eV 增加到 Au/Al_2O_3 界面的 4eV 和 2.7eV。除了使用无机阻挡层作为顶层/底层外，它还可以用作阻止电荷输运的中间层[330,331]。

分子链调控、掺杂工程和多层结构设计是提高聚合物薄膜在高温环境下储能性能的三种主要方法。这些方法侧重于抑制高温环境下的电导损耗，而非提高其相对介电常数，这与室温下的储能改性策略有显著不同。在这些改性策略中，分子链调控、全有机掺杂和无机功能层复合结构与大规模生产高度匹配，未来具有实现工业化制备的巨大潜力。图 4-5 显示，通过分子链调控改性的聚合物薄膜在 150℃下的放电能量密度达到创纪录的 7.5J/cm^3，且效率超过 90%。掺杂工程和多层设计均实现了 6.2～6.3J/cm^3 的放电能量密度。发表在《自然》上的研究结果表明，一种新型聚合物在 200℃下的放电能量密度达到了 5.34J/cm^3，效率同样超过 90%。表 4-3 列出了通过多层设计提高聚合物薄膜高温介电储能性能的实验结果。

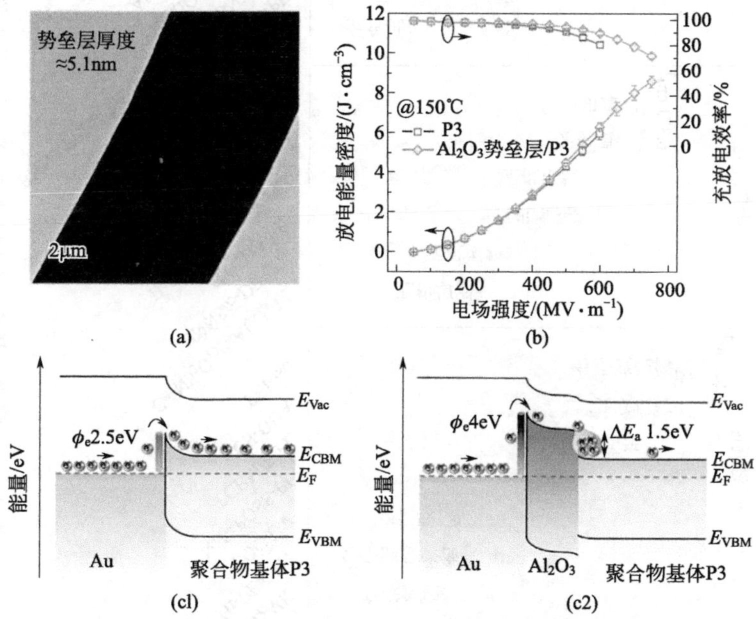

图 4-4 Al_2O_3 势垒层微观形貌及其复合薄膜储能性能

(a) 涂覆约 5.1nm Al_2O_3 势垒层的聚砜盐薄膜 TEM 图像；(b) 150℃下未涂覆和涂覆 5.1nm Al_2O_3 势垒层的聚砜盐薄膜的放电能量密度和充放电效率曲线；(c) 电极 Au-势垒层 Al_2O_3 (c1) 和势垒层 Al_2O_3-聚砜盐薄膜 (c2) 的双界面结构示意图；Φ_e 为电子势垒高度，ΔE_a 为两种介电材料之间的电子亲和能差，E_{Vac} 为真空能级，E_{CBM} 为导带下限，E_F 为费米能级，E_{VBM} 为价带上限

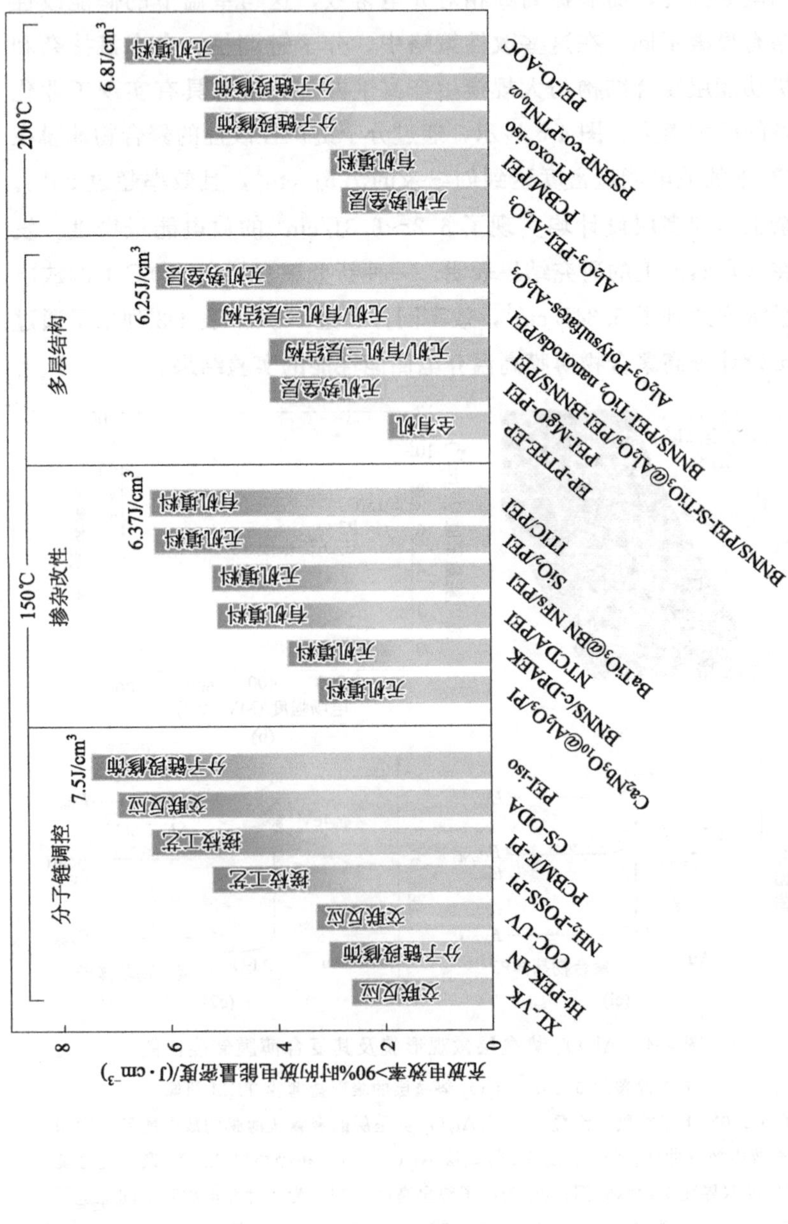

图 4-5 不同改性策略聚合物薄膜在高温下的放电能量密度对比图

表 4-3 多层设计的高温介质储能聚合物薄膜

	顶层	中间层	底层	ε_r @1kHz	$\tan\delta$ @1kHz	E_b/(MV/m)	U_e/(J/cm^3)	η/%	参考文献
全有机多层膜	HTPC/PVDF-33L					446@150℃	—	—	[311]
	PC	PVDF	PC	≈3.8	≈0.01	610@25℃	6.35@100℃@500MV/m	77.21	[312]
	PET	P(VDF-HFP)	PET	≈4.5	≈0.01	489.5@125℃	0.207@125℃@100MV/m	—	[313]
	THV	VH	THV	≈7	≈0.03	≈360@70℃	3.4@70℃@350MV/m	80	[314]
	EP	PTFE	EP	2.28	0.002	392@150℃	1.93@150℃@350MV/m	99	[315]
有机/无机三层结构	10%(体积分数) BNNS/c-BCB	25%(体积分数) $BaTiO_3$/c-BCB	10%(体积分数) BNNS/c-BCB	≈5.5	≈0.03	≈350@150℃	1.1@150℃@200MV/m	93	[316]
	5%(体积分数) BN/PI	1%(体积分数) BZT-BCT NFs/PI	5%(体积分数) BN/PI	≈3.8	≈0.002	350@150℃	1.83@150℃@350MV/m	63	[317]
	10%(体积分数) BN/BCB	10%(体积分数) BT/BCB	10%(体积分数) BN/BCB	≈4.6	≈0.005	556@150℃	4.64@150℃@500MV/m	84	[318]
	4%(体积分数) BNNS/PEI	3%(体积分数) $SrTiO_3$@Al_2O_3/PEI	4%(体积分数) BNNS/PEI	≈4.5	≈0.02	398.9@150℃	4.14@150℃@400MV/m	90	[319]
	3%(体积分数) BNNS/PEI	15%(体积分数) TiO_2纳米棒/PEI			≈0.02	451.3@150℃	5.3@150℃@300MV/m	90	[320]

续表

	顶层	中间层	底层	ε_r @1kHz	$\tan\delta$ @1kHz	E_b/(MV/m)	U_e/(J/cm^3)	η/%	参考文献
无机阻挡层	CVD 法制备 5.52nm h-BN	PEI	CVD 法制备 5.52nm h-BN	≈3.2	≈0.01	—	1.19@200℃@300MV/m	90	[321]
	电纺丝法制备 1μm BN	PC	电纺丝法制备 1μm BN	≈3	≈0.015	500@100℃	5.52@100℃@500MV/m	87.25	[322]
	磁控溅射法制备 142nm BN	PI	磁控溅射法制备 142nm BN	≈3	≈0.001	478@150℃	0.493@150℃@200MV/m	90	[323]
	PECVD 法制备 180nm SiO_2	BOPP	PECVD 法制备 180nm SiO_2	2.25	≈0.007	584@120℃	1.33@120℃@410MV/m	90	[74]
	磁控溅射法制备 128nm SiO_2	PEI	磁控溅射法制备 128nm SiO_2	3.1	0.001	644.5@150℃	2.96@150℃@450MV/m	90	[324]
	自组装制备的 350nm MMT	Kapton	自组装制备的 350nm MMT	—	—	486.4@25℃	—	—	[325]
	用自组装法制备 305nm 的 MMT	BOPP	用自组装法制备 305nm 的 MMT	—	—	760@25℃	—	—	[76]
	原位化学反应制备 250nm Al_2O_3	$BaTiO_3$@SiO_2/PI	原位化学反应制备 250nm Al_2O_3	4.14	0.002	465@150℃	2.55@150℃@450MV/m	72	[326]
	Al_2O_3-PI-Al_2O_3-PI-Al_2O_3 原位化学反应制备 273nm Al_2O_3			≈3.6	≈0.002	479.8@150℃	2.74@150℃@400MV/m	90	[327]
						438.6@200℃	1.59@200℃@300MV/m		

续表

	顶层	中间层	底层	ε_r @1kHz	$\tan\delta$ @1kHz	E_b/(MV/m)	U_e/(J/cm^3)	η/%	参考文献
无机阻挡层	原位化学反应制备 150nm Al_2O_3	PEI	原位化学反应制备 150nm Al_2O_3	≈3.1	≈0.002	636.4@150℃	3.5@150℃@500MV/m	90	[328]
						592.5@200℃	2.8@200℃@425MV/m		
	原子层沉积方法制备 5.1nm Al_2O_3	聚硫化物	原子层沉积方法制备 5.1nm Al_2O_3	3.4	0.002	714@150℃	6.25@150℃@595MV/m	90	[329]
	电子束蒸发法制备 150nm Al_2O_3	BOPP	电子束蒸发法制备 150nm Al_2O_3	2.3	0.004	589.8@125℃	1.5@125℃@300MV/m	90	[13]
	PEI	溶液铸造法制备 1μm MgO	PEI	3.43@150℃	0.0015@150℃	573.1@150℃	4.13@150℃@500MV/m	90	[330]
	PI	溶液铸造法制备 800nm BNNS	PI	≈3.6	≈0.005	≈420@150℃	2.58@150℃@500MV/m	90	[331]

·第5章·
聚合物电容薄膜应用

5.1　电容器制造工艺

为了提高聚合物介电薄膜的储能性能，人们进行了大量的研究工作。然而，据我们所知，本书第 3 章和第 4 章中介绍的改性方法均未被行业采用。这主要是因为实验室规模化聚合物膜改性方法和工业生产要求之间仍然存在显著的差距[1,332,333]。在实际生产过程中，薄膜电容器的制造是一个极其复杂的过程，至少涉及 10 个关键步骤，如图 5-1 所示。使用挤出法可以大规模生产商业电容器膜，例如 BOPP、PET、PC、PPS。为了实现电容器的小型化和高电容，要求电容膜尽可能薄。然而，在工业生产中，制备厚度小于 2μm 的 BOPP 薄膜是一个挑战。当前厚度在 5μm 左右的 BOPP 薄膜因其优良的耐高压性能，在变电站高压输电中受到推崇并得到了广泛应用。在介电膜制备之后，还会进行金属化、薄膜分切、卷绕、端部喷金、愈合、端子焊接、电气终端测试和封装等一系列生产工艺，最终完成薄膜电容器的制造[334]。

在生产电容器的过程中，薄膜金属化是最关键的制备工艺，即通过真空蒸发方法在聚合物膜表面沉积厚度为 5～50nm 的

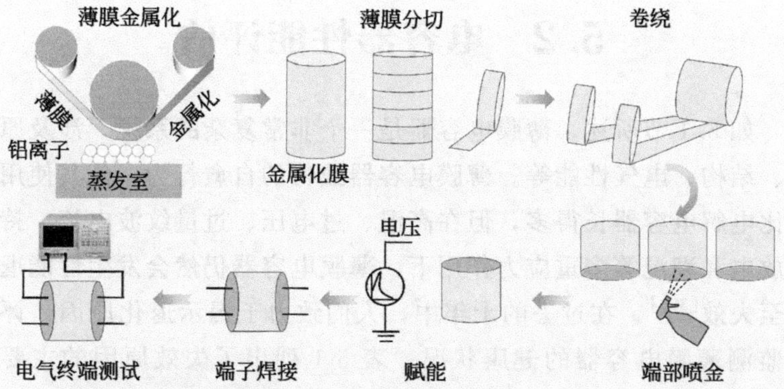

图 5-1　薄膜电容器的典型制造工艺流程图

铝、锌或铝锌（Al-Zn）合金。为了确保金属电极和聚合物薄膜的良好附着力，采用电晕或等离子体处理来增加薄膜的表面能，从而增强与金属电极的附着力[332]。为了兼顾低的薄层电阻率和良好的自愈能力，应适当控制金属电极的厚度，在金属化工艺期间通常使用十字掩模法，以实现金属电极的边缘加厚[335]。金属化后的聚合物薄膜按设计要求切成合适的宽度，然后高速卷绕成电容器芯子。

芯子卷绕成型后，接下来的工艺为末端喷涂。末端喷涂是在芯子的端面上生长锌，这关系电容器的电流脉冲处理能力，因为脉冲条件下的高峰电流容易引起电动力并导致膜从喷涂末端脱离[336]。金属化膜具有良好的自愈性，可显著提高薄膜电容器的使用寿命和可靠性。在过电压、老化、针孔、微裂纹等缺陷点早期发生电击穿时，会产生高温放电现象，使局部金属电极蒸发，导致聚合物膜表面形成脱金属区。该区域可防止在此点发生的二次击穿，使得电容膜在一次击穿后可恢复原始击穿强度[86,337-349]。端子焊接将金属化薄膜与外部电路接触，应用前需要进行电气终端测试，以评估薄膜电容器的整体性能。最后，将薄膜电容器用绝缘油或环氧树脂封装，以防止外部环境对薄膜电容器的破坏。

5.2 电容器性能评估

如5.1节所述，薄膜电容器是一个非常复杂的系统，涉及原材料、结构、电气性能等。薄膜电容器独特的自愈行为，使其使用寿命比电解电容器长得多，但在高温、过电压、过量纹波电流、持续充放电和潮湿等多重应力作用下，薄膜电容器仍然会发生性能退化甚至失效[350]。在过去的十年中，人们致力于揭示退化原因，评估和监测薄膜电容器的健康状况，表5-1列出了失效原因的主要类型、机理、失效指标和评估模式[351]。如图5-2(a) 所示，薄膜电容器退化或诊断的主要指标是电容量降低（电容损耗）和等效串联电阻（ESR）增加。一旦电容损耗达到初始电容值的5%，则表明薄膜电容器寿命结束[352]。

表5-1 薄膜电容器的失效原因、机理和模式、失效分析模型及其贡献（国家可再生能源实验室版权所有[351]）

根本原因	主要失效机理	主要失效模式	失效分析模型	主要贡献
温度	电极金属化质量恶化	电流-电压非线性的变化	Arrhenius 模型	基于 Miner 累积损伤理论的时变热应力寿命模型
电压应力	自我修复（“短期故障”）	电容损耗，ESR 增加	指数回归方程，艾林定律	电容随时间衰减；恒定高温和电压。用回归模型和艾林定律估计寿命
纹波电流过大	电化学腐蚀，核心温度升高	电容损耗，ESR 增加	回归方程，基于基本的物理失效	介绍了电化学腐蚀作为纹波电流存在时的失效机制。基于氧化动力学理论提出了电容损耗随时间的回归方程
连续充电/放电循环（脉冲放电）	自愈，电化学腐蚀	高电应力下的电容损失、ESR 增加、喷涂端脱落	随机变量恶化法，γ过程劣化模型	稳态电容损耗采用随机变量劣化法建模，突变损耗采用γ过程劣化法建模

续表

根本原因	主要失效机理	主要失效模式	失效分析模型	主要贡献
湿度	电化学腐蚀，薄膜吸湿引起的介电损耗	电容损耗，ESR 增加	Weibull 分布，逆幂定律	将失效时间拟合到 Weibull 分布曲线中，根据所需的置信区间估算寿命，并根据所有寿命定义估算寿命方程的模型参数

电容损耗机制可以分为两个方面，如图 5-2(b) 所示。

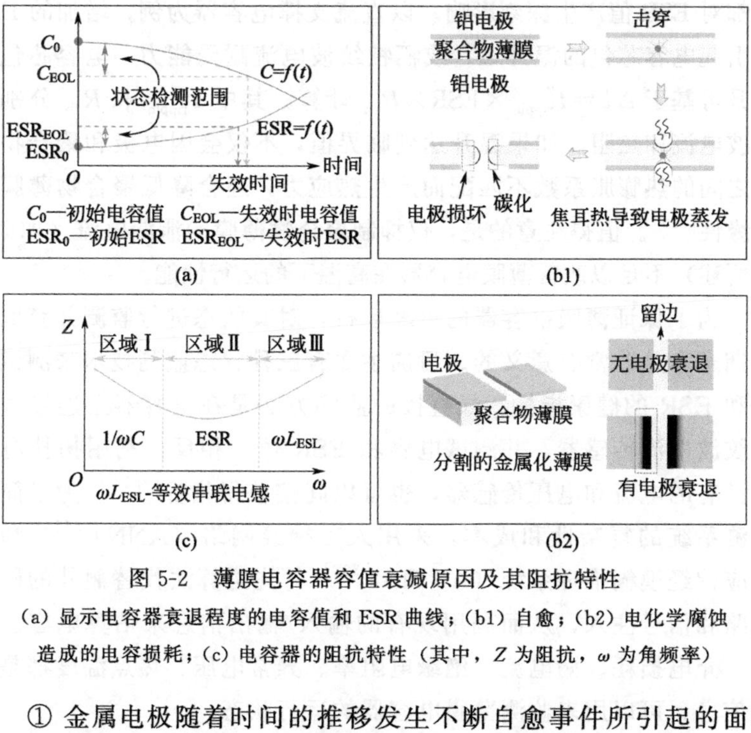

图 5-2　薄膜电容器容值衰减原因及其阻抗特性

(a) 显示电容器衰退程度的电容值和 ESR 曲线；(b1) 自愈；(b2) 电化学腐蚀造成的电容损耗；(c) 电容器的阻抗特性（其中，Z 为阻抗，ω 为角频率）

① 金属电极随着时间的推移发生不断自愈事件所引起的面积损失，根据 $C=\varepsilon_0\varepsilon_r S/d$ 的平板电容器模型很容易理解，其中 C 和 S 分别代表电容和电极面积。此外，随着自愈事件的发生，汽化的金属残留物增加了电容器单元的内部压力，从而加速了退化。当然，以较小的电容损失为代价避免了灾难性失效，间接延长了薄膜电容器的使用寿命。

② 电化学腐蚀引起的电极氧化［图 5-2(c)］，其中铝电极在电压、湿度和温度的侵蚀环境下由于铝电极与水分/氧气之间的氧化还原反应而转化为氧化铝，导致电极衰退和电容值降低[353-355]。此外，ESR 增加的原因可以通过参考下式得到：

$$\mathrm{ESR}=\tan\delta/\omega C=(\tan\delta_0+\tan\delta_1+\tan\delta_\mathrm{m})/\omega C$$

式中，$\tan\delta_0$、$\tan\delta_1$、$\tan\delta_\mathrm{m}$ 分别代表极化、漏电流和接触电阻引起的介电损耗[356-359]。

聚合物薄膜固有特性、电极/薄膜的接触电阻以及工作频率的变化都对 ESR 值产生深刻影响。以直流支撑电容器为例，增加的 ESR 将引起电容芯包的温升 ΔT 或牺牲纹波电流耐受能力，电容芯包的温升可基于 $\Delta T=I_\mathrm{ripple}^2\times\mathrm{ESR}\times R_\mathrm{th}$ 计算，其中 I_ripple 和 R_th 分别为纹波电流和热阻。如果温升达到临界值，不仅会因电极和聚合物薄膜之间的热膨胀系数不匹配而产生热应力，还会降低聚合物薄膜的绝缘性[360]。值得注意的是，仅抑制聚合物薄膜的泄漏电流（如第 4 章所述）不足以改善薄膜电容器在高温下的运行性能。

为了保证薄膜电容器的可靠运行，对其状态进行监测并获取其预期寿命是非常有意义的。目前主要有三种状态监测技术来测试电容和 ESR 的健康指标。最直接的监测方法是在电容器上连接额外的纹波电流传感器，并测试电容和 ESR 值。相反，利用拓扑电路中已有的电流和电压传感器，也可以间接获得指标[352]。为了简化监测系统的复杂性和成本，采用人工神经网络（ANN）[361] 和自适应神经模糊推理系统（ANFIS）[362] 等先进算法代替额外的硬件电路和信号注入，从而利用现有的输入/输出信息来估算电容。此外，介电损耗、漏电流、绝缘电阻率、异常电压、热点温度都是有用信息，可以用来监测薄膜电容器的运行状态。

事实上，薄膜电容器的失效过程通常非常缓慢，频繁地监测运行状况既耗时又费力，因此根据现有的监测数据和适当的评估模型来获取寿命可能会更有效。表 5-1 列出了一些有代表性的评估模型，包括失效物理模型和数据驱动模式。Arrhenius 模型、艾林定律、逆幂定律及其相关修正模型被视为失效物理模型[357,358,363]，其中不同温度下薄膜电容器的寿命通常使用 Arrhenius 定律计算，艾林定律包含温度以外的其他应力的相互作用，热、电应力和湿度都被考虑在逆幂定律中。由于失效物理模型只能预测薄膜电容器在温度、电压和湿度等指标下的寿命，而不能预测薄膜电容器在特定时间内的健康状况，因此提出了数据驱动模式来获取薄膜电容器在给定时间内的健康状况，例如首选 Weibull 模型来估计所需置信区间下的寿命[364]，并引入泊松分布，利用曲线拟合算法分析电容的突然损耗[365]。

5.3 电容器应用领域

商用薄膜电容器是一种复杂的集成系统，它包含介电薄膜、金属电极、导线或铜棒、绝缘封装。薄膜电容器的性能评价指标与聚合物介质薄膜有很大的差异。不仅有介电常数、耗散因数、击穿强度等基本参数，还有额定电容、电容容差、额定电压、等效串联电阻（ESR）、工作温度、绝缘电阻、允许电流、预期寿命等。这些参数必须按照国际或国内标准进行严格的测试，如端子强度测试和温度冲击测试分别参照 AEC-Q200 和 IEC 60384-9 的标准[338]。明晰聚合物薄膜和电容器件之间容易混淆的概念是很重要的，如击穿场强与额定电压、损耗因子与 ESR、充放电效率（能量损失）与电容损失。例如，Weibull 63.2% 失效概率时的特征电压被定义为电介质薄膜的击穿电压，而 Weibull 1%～10% 失效概率对应的电压点决定了实用电容器的最大安全工作电压，本质上比击穿电压低得多。电容器中的 ESR 是电极电阻、端缘接触电阻和膜金属化以及介电膜损耗的总和，其可以通过 $\mathrm{ESR}=\tan\delta/\omega C$ 的等式近似。此外，电容损失被定义用于评估在温度循环或电压/电流冲击期间的电容器衰减程度，而不是充放电效率或在一个循环充放电过程中的能量损失。

金属化薄膜电容器具有出色的浪涌电压额定值、高纹波电流处理能力和自愈能力，这使得它们具有长寿命和高可靠性。

根据电容、电压等级和温度的实际要求，它们已被广泛应用于工业电气设备和消费电子产品等[339,340]。图 5-3 展示了金属化薄膜电容器的多种功能和应用，并详细介绍了四种具有代表性的薄膜电容器。

① 逆变器滤波薄膜电容器：广泛应用于交流电网供电系统的 AC-DC-AC 变换器领域，如电机驱动、UPS 系统、风力涡轮发电机等，以及直流电源供电的 DC-AC 转换器领域，包括光伏系统和用电池供电的新能源汽车等。在逆变器电路中，由于 MOSFET 或 IGBT 的高频脉宽调制开关，直流母线总是受到高频纹波电流的影响，因此需要利用直流支撑电容器作用旁路纹波电流并降低纹波电压[341,342]。以新能源汽车为例，电驱动系统中的逆变器可以高效地将电池的直流电转换为驱动电机的交流电，但输入和输出产生的高纹波电流往往导致电容器温度升高，威胁其安全运行，这是发展耐高温薄膜电容器的主要原因。

② 缓冲薄膜电容器：通过消除开关突然断开时的电压尖峰、限制半导体开关的电压转换速率或抑制开关触点的火花来提高电磁兼容性（EMC）。缓冲电容器始终需要提供超低自感、超低 ESR、高峰电流能力以及高可靠性[343]。一旦阻容缓冲电路失效，功率半导体器件将被破坏，因此在设计阻容缓冲电容时应充分考虑这一点。为了降低自电感，最好采用窄电极；为了降低 ESR 和提高电流处理能力，最好采用双面金属化和加宽端子设计[344]。

③ 功率薄膜电容器：在大功率范围的应用中总是被归类为大尺寸薄膜电容器，但其聚合物薄膜和配置大多与较小的缓冲薄膜电容器相似。交流电力电容器通常用于抑制不良电压尖峰或吸收谐波(如上文②部分所述)，而直流电力电容器不仅可以减少交流分量，还能储存电能。在高压输电工程中，变电站中使用油浸罐式电力电容器，也称为阻尼电容器[345]。脉冲放电电容器可以在几微秒到毫秒的持续时间内产生超高放电电流，这一特性使电力电容器在极端非正弦电压和脉冲电流中具有不可替代的作用，例如电磁发射、核聚变发电厂、心脏除颤器等应用场所[346-348]。

④ EMI 抑制薄膜电容器：用于抑制电气设备和电子装置中的噪声和降低电磁干扰（EMI），也称为安全电容器。EMI 电容器的电气阻抗随频率的增加而减小，从而导致高频电气噪声和瞬态短路，并防止电机、变频器和电子镇流器以及固态继电器缓冲器等发送或接收电磁和射频干扰以及瞬态干扰[344]。通常，EMI 电容器根据其在电路中的连接主要分为两类，即 X 电容器（跨线）和 Y 电容器（线对地），分别用于降低电源线上的差模 EMI 和衰减共模噪声[339,349]。

电容器用途	应用电路	波形	电容器要求
能量存储/脉冲放电	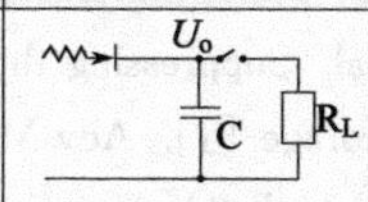	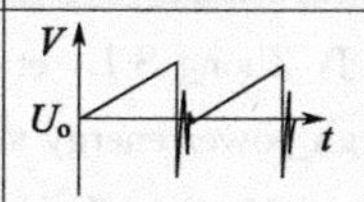	脉冲上升时间额定值高，抗浪涌电流能力强
电磁/射频干扰屏蔽	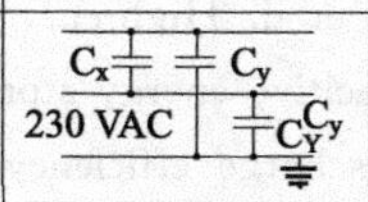	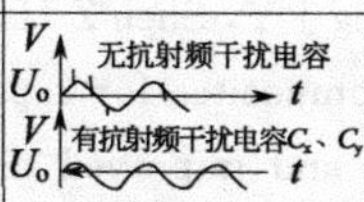	特别高的主动与被动阻燃可靠性
缓冲	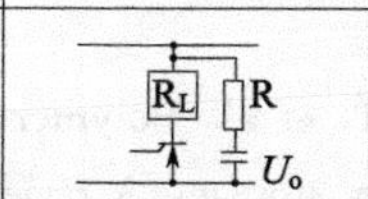	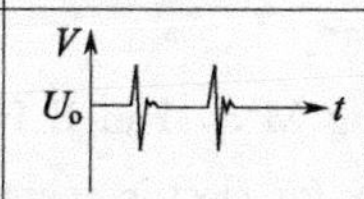	损耗角正切值低，脉冲上升时间额定值高
平滑	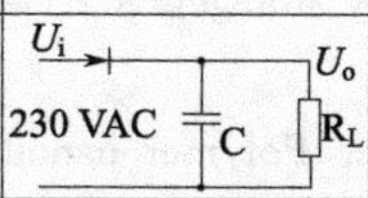	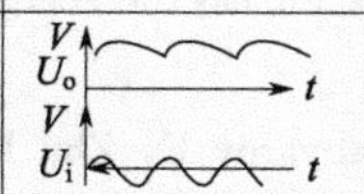	损耗角正切值低，电容容值高
去耦/旁路	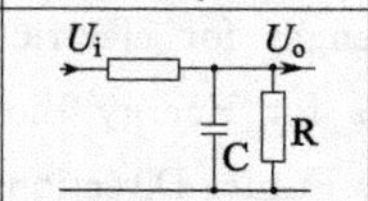	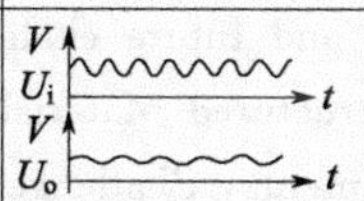	绝缘电阻高，自感低

图 5-3　薄膜电容器在电子设备中的典型应用

本章系统介绍了电容器的制造、应用和性能退化，发现聚合物薄膜对薄膜电容器的性能有至关重要的影响，而且制造工艺和操作条件也决定了退化率和使用寿命。然而，在实验室研究工作中，研究人员更多聚焦于聚合物薄膜的改性工作，清楚地了解工业技术要求可以更好地指导高性能聚合物薄膜材料的开发。

参考文献

[1] Feng Q K，Zhong S L，Pei J Y，et al. Recent progress and future prospects on all-organic polymer dielectrics for energy storage capacitors [J]. Chem Rev.，2022，122：3820-3878.

[2] Tan D Q. Review of polymer-based nanodielectric exploration and film scale-up for advanced capacitors [J]. Adv Funct Mater.，2020，30：23.

[3] Pei J Y，Yin L J，Zhong S L，et al. Suppressing the loss of polymer-based dielectrics for high power energy storage [J]. Adv Mater.，2022：17.

[4] Guo M F，Jiang J Y，Shen Z H，et al. High-energy-density ferroelectric polymer nanocomposites for capacitive energy storage：enhanced breakdown strength and improved discharge efficiency [J]. Mater Today，2019，29：49-67.

[5] Zha J W，Zheng M S，Fan B H，et al. Polymer-based dielectrics with high permittivity for electric energy storage：A review [J]. Nano Energy，2021，89：20.

[6] Zhang G，Allahyarov E，Zhu L. Polymer nanodielectrics：current accomplishments and future challenges for electric energy storage [J]. Nano/Micro-Structured Materials for Energy Biomedical Applications：Latest Developments，Challenges Future Directions，2018：1-48.

[7] Singh M，Apata I E，Samant S，et al. Nanoscale strategies to enhance the energy storage capacity of polymeric dielectric capacitors：review of recent advances [J]. Polym Rev.，2022，62：211-260.

[8] Cheng R，Wang Y F，Men R J，et al. High-energy-density polymer dielectrics via compositional and structural tailoring for electrical energy storage [J]. iScience，2022，25：44.

[9] Li H，Liu F H，Fan B Y，et al. Nanostructured ferroelectric-polymer composites for capacitive energy storage [J]. Small Methods，2018，2：18.

[10] Li H，Zhou Y，Liu Y，et al. Dielectric polymers for high-tempera-

ture capacitive energy storage [J]. Chem Soc Rev. , 2021, 50: 6369-6400.

[11] Liu X J, Zheng M S, Chen G, et al. High-temperature polyimide dielectric materials for energy storage: theory, design, preparation and properties [J]. Energy Environ Sci. , 2022, 15: 56-81.

[12] Yang M Z, Ren W B, Guo M F, et al. High-energy-density and high efficiency polymer dielectrics for high temperature electrostatic energy storage: a review [J]. Small, 2022, 18: 23.

[13] Zhang T D, Yu H N, Jung Y H, et al. Significantly improved high-temperature energy storage performance of BOPP films by coating nanoscale inorganic layer [J]. Energy Environ Mater. , 2022: 9.

[14] Chi Q, Wang T, Zhang C, et al. Significantly improved high-temperature energy storage performance of commercial BOPP films by utilizing ultraviolet grafting modification [J]. iEnergy, 2022, 1: 374-382.

[15] Luo H, Wang F, Guo R, et al. Progress on polymer dielectrics for electrostatic capacitors application [J]. Adv Sci. , 2022, 9: 25.

[16] Huang S K, Liu K, Zhang W, et al. All-organic polymer dielectric materials for advanced dielectric capacitors: theory, property, modified design and future prospects [J]. Polym Rev. , 2022: 59.

[17] Zhang X L, Xu Y, Zhang X, et al. Progress on the layer-by-layer assembly of multilayered polymer composites: Strategy, structural control and applications [J]. Prog Polym Sci. , 2019, 89: 76-107.

[18] Pan Z B, Yao L M, Zhai J W, et al. Interfacial coupling effect in organic/inorgani cnanocomposites with high energy density [J]. Adv Mater. , 2018, 30: 7.

[19] Dang Z M, Yuan J K, Yao S H, et al. Flexible nanodielectric materials with high permittivity for power energy storage. Adv Mater. , 2013, 25: 6334-6365.

[20] Huang X Y, Jiang P K. Core-shell structured high-k polymer nanocomposites for energy storage and dielectric applications [J]. Adv Mater. , 2015, 27: 546-554.

[21] Chen Q, Shen Y, Zhang S H, et al. Polymer-based dielectrics with high energy storage density [J]. Annual Review of Materials Research, 2015, 45: 433-458.

[22] Prateek, Thakur V K, Gupta R K. Recent progress on ferroelectric

polymer-based nanocomposites for high energy density capacitors: synthesis, dielectric properties, and future aspects [J]. Chem Rev., 2016, 116: 4260-4317.

[23] Baer E, Zhu L. 50th Anniversary perspective: dielectric phenomena in polymers and multilayered dielectric films [J]. Macromolecules, 2017, 50: 2239-2256.

[24] Li Q, Yao F Z, Liu Y, et al. High-temperature dielectric materials for electrical energy storage [J]. Annual Review of Materials Research, 2018, 48 (1): 219-243.

[25] Luo H, Zhou X F, Ellingford C, et al. Interface design for high energy density polymer nanocomposites [J]. Chem Soc Rev., 2019, 48: 4424-4465.

[26] Huang X Y, Sun B, Zhu Y K, et al. High-k polymer nanocomposites with 1D filler for dielectric and energy storage applications [J]. Prog Mater Sci., 2019, 100: 187-225.

[27] Wei J J, Zhu L. Intrinsic polymer dielectrics for high energy density and low loss electric energy storage [J]. Prog Polym Sci., 2020, 106: 17.

[28] Fan B H, Zhou M Y, Zhang C, et al. Polymer-based materials for achieving high energy density film capacitors [J]. Prog Polym Sci., 2019, 97: 26.

[29] Chi Q G, Zhou Y H, Yin C, et al. A blended binary composite of poly (vinylidene fluoride) and poly (methyl methacrylate) exhibiting excellent energy storage performances [J]. J Mater Chem C., 2019, 7: 14148-14158.

[30] Li W J, Meng Q J, Zheng Y S, et al. Electric energy storage properties of poly (vinylidene fluoride) [J]. Appl Phys Lett., 2010, 96: 3.

[31] Liu F H, Li Q, Li Z Y, et al. Poly (methyl methacrylate)/boron nitride nanocomposites with enhanced energy density as high temperature dielectrics [J]. Compos Sci Technol., 2017, 142: 139-144.

[32] Xu W H, Yang G, Jin L, et al. High-k polymer nanocomposites filled with hyperbranched phthalocyanine-coated $BaTiO_3$ for high-temperature and elevated field applications [J]. ACS Appl Mater Interfaces, 2018, 10: 11233-11241.

[33] Wang Y F, Li Z Z, Wu C, et al. High-temperature dielectric polymer nanocomposites with interposed montmorillonite nanosheets [J]. Chem

Eng J. , 2020, 401: 9.

[34] Hao Y N, Wang X H, O'Brien S, et al. Flexible $BaTiO_3$/PVDF gradated multilayer nanocomposite film with enhanced dielectric strength and high energy density [J]. J Mater Chem C. , 2015, 3: 9740-9747.

[35] Ben-David M, Engel L, Shacham-Diamand Y. Spectroscopic ellipsometry study of spin coated P(VDF-TrFE-CTFE) thin films and P(VDF-TrFE-CTFE)/PMMA blends [J]. Microelectron Eng. , 2017, 171: 37-43.

[36] Wu S, Lin M R, Burlingame Q, et al. Meta-aromatic polyurea with high dipole moment and dipole density for energy storage capacitors [J]. Appl Phys Lett. , 2014, 104: 4.

[37] Wu S, Burlingame Q, Cheng Z X, et al. Strongly dipolar polythiourea and polyurea dielectrics with high electrical breakdown, low loss, and high electrical energy density [J]. Journal of Electronic Materials, 2014, 43: 4548-4551.

[38] Ren W B, Yang M Z, Zhou L, et al. Scalable ultrathin all-organic polymer dielectric films for high-temperature capacitive energy storage [J]. Adv Mater. , 2022, 34: 9.

[39] Hu J, Zhang S F, Tang B T. Rational design of nanomaterials for high energy density dielectric capacitors via electrospinning [J]. Energy Storage Mater. , 2021, 37: 530-555.

[40] Zhang Y, Zhang C H, Feng Y, et al. Excellent energy storage performance and thermal property of polymer-based composite induced by multifunctional one-dimensional nanofibers oriented in-plane direction [J]. Nano Energy, 2019, 56: 138-150.

[41] Zhang Y, Zhang C H, Feng Y, et al. Energy storage enhancement of P(VDF-TrFE-CFE)-based composites with double-shell structured BZCT nanofibers of parallel and orthogonal configurations [J]. Nano Energy, 2019, 66: 13.

[42] Feng Y, Zhou Y H, Zhang T D, et al. Ultrahigh discharge efficiency and excellent energy density in oriented core-shell nanofiber-polyetherimide composites [J]. Energy Storage Mater. , 2020, 25: 180-192.

[43] Zhang Y, Chi Q G, Liu L Z, et al. PVDF-based dielectric composite films with excellent energy storage performances by design of nanofibers composition gradient structure [J]. ACS Applied Energy Materials,

2018，1：6320-6329.

[44] Cui Y，Zhang T D，Feng Y，et al. Excellent energy storage density and efficiency in blend polymer-based composites by design of core-shell structured inorganic fibers and sandwich structured films [J]. Compos Pt B-Eng.，2019，177：10.

[45] Jiang J Y，Shen Z H，Cai X K，et al. Polymer nanocomposites with interpenetrating gradient structure exhibiting ultrahigh discharge efficiency and energy density [J]. Adv Energy Mater.，2019，9：9.

[46] Jiang Y D，Wang J，Yan S L，et al. Ultrahigh energy density in continuously gradient-structured all-organic dielectric polymer films [J]. Adv Funct Mater.，2022，32：10.

[47] Dan Z K，Jiang J Y，Qian J F，et al. A ferroconcrete-like all-organic nanocomposite exhibiting improved mechanical property，high breakdown strength，and high energy efficiency [J]. Macromol Mater Eng.，2019，304：8.

[48] Cui Y，Feng Y，Zhang T D，et al. Excellent energy storage performance of ferroconcrete-like all-organic linear/ferroelectric polymer films utilizing interface engineering [J]. ACS Appl Mater Interfaces，2020，12：56424-56434.

[49] Huan T D，Boggs S，Teyssedre G，et al. Advanced polymeric dielectrics for high energy density applications [J]. Prog Mater Sci.，2016，83：236-269.

[50] Meng N，Ren X T，Santagiuliana G，et al. Ultrahigh beta-phase content poly (vinylidene fluoride) with relaxor-like ferroelectricity for high energy density capacitors [J]. Nat Commun.，2019，10：9.

[51] Zhang L，Shan X B，Bass P，et al. Process and microstructure to achieve ultra-high dielectric constant in ceramic-polymer composites [J]. Sci Rep.，2016，6：10.

[52] Dang Z M，Yuan J K，Zha J W，et al. Fundamentals，processes and applications of high-permittivity polymer matrix composites [J]. Prog Mater Sci.，2012，57：660-723.

[53] Zhi C Y，Bando Y，Terao T，et al. Dielectric and thermal properties of epoxy/boron nitride nanotube composites [J]. Pure Appl Chem.，2010，82：2175-2183.

[54] Castro L，OslingerJ，Taylor N，et al. Dielectric and physico-chemical

properties of epoxy-mica insulation during thermoelectric aging [J]. IEEE Transactions on Dielectrics Electrical Insulation, 2015, 22: 3107-3117.

[55] Wang D, Dang Z-M. Processing of polymeric dielectrics for high energy density capacitors [J]. Dielectric Polymer Materials for High-Density Energy Storage: Elsevier, 2018: 429-446.

[56] Pan J L, Li K, Chuayprakong S, et al. High-temperature poly (phthalazinone ether ketone) thin films for dielectric energy storage [J]. ACS Appl Mater Interfaces, 2010, 2: 1286-1289.

[57] Yao L, Wang D R, Hu P H, et al. Synergetic enhancement of permittivity and breakdown strength in all-polymeric dielectrics toward flexible energy storage devices [J]. Adv Mater Interfaces, 2016, 3: 4.

[58] Rytoluoto I, Gitsas A, Pasanen S, et al. Effect of film structure and morphology on the dielectric breakdown characteristics of cast and biaxially oriented polypropylene films [J]. Eur Polym J., 2017, 95: 606-624.

[59] Mammone R J, Wade W L, Binder M. Increased breakdown strengths of polypropylene films melt-extruded from plasma-treated resin [J]. Journal of Applied Polymer Science, 1992, 46: 1531-1534.

[60] Ritamäki M, Rytöluoto I, Lahti K. Performance metrics for a modern BOPP capacitor film [J]. IEEE Transactions on Dielectrics Electrical Insulation, 2019, 26: 1229-1237.

[61] Zhang S, Zou C, Zhou X, et al. Polymer film capacitors with high dielectric constant, high capacitance density, and high energy density [J]. 2010 IEEE International Power Modulator and High Voltage Conference: IEEE, 2010: 221-224.

[62] Yin K Z, Zhang J W, Li Z P, et al. Polymer multilayer films for high temperature capacitor application [J]. Journal of Applied Polymer Science, 2019, 136: 8.

[63] Feng R, Li L, Ou W J, et al. High-energy-density flexible dielectric film via one-step extrusion processing [J]. ACS Appl Polym Mater., 2019, 1: 664-671.

[64] Liu Y, Yang T N, Zhang B, et al. Structural insight in the interfacial effect in ferroelectric polymer nanocomposites [J]. Adv Mater., 2020, 32: 8.

[65] Peng S M, Yang X, Yang Y, et al. Direct detection of local electric polarization in the interfacial region in ferroelectric polymer nanocomposites [J]. Adv Mater., 2019, 31: 9.

[66] Zhang Z B, Litt M H, Zhu L. Understanding the paraelectric double hysteresis loop behavior in mesomorphic even-numbered nylons at high temperatures [J]. Macromolecules, 2017, 50: 5816-5829.

[67] Dazzi A, Prater C B. AFM-IR: technology and applications in nanoscale infrared spectroscopy and chemical imaging [J]. Chem Rev., 2017, 117: 5146-5173.

[68] Bondy A L, Kirpes R M, Merzel R L, et al. Atomic force microscopy-infrared spectroscopy of individual atmospheric aerosol particles: sub-diffraction limit vibrational spectroscopy and morphological analysis [J]. Anal Chem., 2017, 89: 8594-8598.

[69] Tang F G, Bao P T, Su Z H. Analysis of nanodomain composition in high-impact polypropylene by atomic force nicroscopy-infrared [J]. Anal Chem., 2016, 88: 4926-4930.

[70] Liang J J, Wang S J, Luo Z, et al. Correlating the interfacial polar-phase structure to the local chemistry in ferroelectric polymer nanocomposites by combined scanning probe microscopy [J]. Nano-Micro Lett., 2023, 15: 14.

[71] Palermo V, Palma M, Samori P. Electronic characterization of organic thin films by Kelvin probe force microscopy [J]. Adv Mater., 2006, 18: 145-164.

[72] Yuan H, Zhou Y, Zhu Y J, et al. Origins and effects of deep traps in functional group grafted polymeric dielectric materials [J]. J Phys D-Appl Phys., 2020, 53: 5.

[73] Borgani R, Paon L K H, Hedenqvist M S, et al. Local charge injection and extraction on surface-modified Al_2O_3 nanoparticles in LDPE [J]. Nano Lett., 2016, 16: 5934-5937.

[74] Zhou Y, Li Q, Dang B, et al. A scalable, high-throughput, and environmentally benign approach to polymer dielectrics exhibiting significantly improved capacitive performance at high temperatures [J]. Adv Mater., 2018, 30: 7.

[75] Yuan C, Zhou Y, Zhu Y J, et al. Polymer/molecular semiconductor all-organic composites for high-temperature dielectric energy storage

[J]. Nat Commun. , 2020, 11: 8.

[76] Zhang B Y, Liu J J, Ren M, et al. Reviving the "schottky" barrier for flexible polymer dielectrics with a superior 2D nanoassembly coating [J]. Adv Mater. , 2021, 33: 7.

[77] Ferrari S. Characterization of high-k dielectrics with ToF-SIMS [J]. Appl Surf Sci. , 2004, 231: 609-613.

[78] Sodhi RNS. Time-of-flight secondary ion mass spectrometry (TOF-SIMS): versatility in chemical and imaging surface analysis [J]. Analyst. , 2004, 129: 483-487.

[79] Vickerman J C, Briggs D. ToF-SIMS: surface analysis by mass spectrometry [J]. Journal of the Chemical Society Abstracts, 2001.

[80] Yang M C, Wang S J, Fu J, et al. Quantum size effect to induce colossal high-temperature energy storage density and efficiency in polymer/inorganic cluster composites [J]. Adv Mater. , 2023, 35: 9.

[81] Zhang T, Chen X, Thakur Y, et al. A highly scalable dielectric metamaterial with superior capacitor performance over a broad temperature [J]. Sci Adv. , 2020, 6: 7.

[82] Sawyer C B, Tower C. Rochelle salt as a dielectric [J]. Physical Review, 1930, 35: 269.

[83] Chu B J, Zhou X, Ren K L, et al. A dielectric polymer with high electric energy density and fast discharge speed [J]. Science, 2006, 313: 334-336.

[84] Khanchaitit P, Han K, Gadinski M R, et al. Ferroelectric polymer networks with high energy density and improved discharged efficiency for dielectric energy storage [J]. Nat Commun. , 2013, 4: 7.

[85] Yang C H, Lv P P, Qian J, et al. Fatigue-free and bending-endurable flexible mn-doped $Na_{0.5}Bi_{0.5}TiO_3$-$BaTiO_3$-$BiFeO_3$ film capacitor with an ultrahigh energy storage performance [J]. Adv Energy Mater. , 2019, 9: 10.

[86] Rabuffi M, Picci G. Status quo and future prospects for metallized polypropylene energy storage capacitors [J]. IEEE Transactions on Plasma Science, 2002, 30: 1939-1942.

[87] Chu H Y, Fu C, Wu X Y, et al. Enhancing released electrical energy density of poly (vinylidene fluoride-co-trifluoroethylene)-graft-poly (methyl methacrylate) via the pre-irradiation method [J]. Appl Surf

Sci. , 2019, 465: 643-655.

[88] Liu J J, Liao J N, Liao Y, et al. High field antiferroelectric-like dielectric of poly (vinylidene fluoride-co-trifluoroethylene-co-chlorotrifluoroethylene)-graft-poly (sty rene-methyl methacrylate) for high pulse capacitors with high energy density and low loss [J]. Polym Chem. , 2019, 10: 3547-3555.

[89] Li J J, Tan S B, Ding S J, et al. High-field antiferroelectric behaviour and minimized energy loss in poly (vinylidene-co-trifiuoroethylene)-graft-poly (ethyl methacrylate) for energy storage application [J]. J Mater Chem. , 2012, 22: 23468-23476.

[90] Li J J, Gong H H, Yang Q, et al. Linear-like dielectric behavior and low energy loss achieved in poly (ethyl methacrylate) modified poly (vinylidene-co-trifluoroethylene) [J] . Appl Phys Lett. , 2014, 104: 5.

[91] Li J J, Hu X, Gao G X, et al. Tuning phase transition and ferroelectric properties of poly (vinylidene fluoride-co-trifluoroethylene) via grafting with desired poly (methacrylic ester) s as side chains [J]. J Mater Chem C, 2013, 1: 1111-1121.

[92] Rahimabady M, Xu L Q, Arabnejad S, et al. Poly (vinylidene fluoride-co-hexafluoropropylene)-graft-poly (dopamine methacrylamide) copolymers: A nonlinear dielectric material for high energy density storage [J]. Appl Phys Lett. , 2013, 103: 4.

[93] Guan F X, Yuan Z Z, Shu E W, et al. Fast discharge speed in poly (vinylidene fluoride) graft copolymer dielectric films achieved by confined ferroelectricity [J]. Appl Phys Lett. , 2009, 94: 3.

[94] Guan F X, Yang L Y, Wang J, et al. Confined ferroelectric properties in poly (vinylidene fluoride-co-chlorotrifluoroethylene)-graft-polystyrene graft copolymers for electric energy storage applications [J]. Adv Funct Mater. , 2011, 21: 3176-3188.

[95] Zhang M R, Tan S B, Xiong J, et al. Tailoring dielectric and energy storage performance of PVDF-based relaxor ferroelectrics with hydrogen bonds [J]. ACS Applied Energy Materials, 2021, 4: 8454-8464.

[96] Zhang Y, Feng R, Chen Z, et al. Significantly enhancing energy storage performances of flexible dielectric film by introducing poly (1,4-anthraquinone) [J]. Eur Polym J. , 2021, 152: 8.

[97] Liu J J, Li M, Zhao Y F, et al. Manipulating H-bonds in glassy dipolar

polymers as anew strategy for high energy storage capacitors with high pulse discharge efficiency [J]. J Mater Chem A, 2019, 7: 19407-19414.

[98] Li Z Z, Treich G M, Tefferi M, et al. High energy density and high efficiency all-organic polymers with enhanced dipolar polarization [J]. J Mater Chem A, 2019, 7: 15026-15030.

[99] Zhu Y, Ma F W, Ma C H, et al. Enhanced dielectric and electrical energy storage capability of polymers with combined azobenzene and triphenylamine side groups by ring-opening metathesis polymerization [J]. Polymer, 2019, 184: 9.

[100] Liu H, Du B, Xiao M. Improved energy density and charge discharge efficiency of polypropylene capacitor film based on surface grafting [J]. IEEE Transactions on Dielectrics Electrical Insulation, 2021, 28: 1539-1546.

[101] Chen X Q, Wang Y, He D L, et al. Enhanced dielectric performances of polypropylene films via polarity adjustment by maleic anhydride-grafted polypropylene [J]. Journal of Applied Polymer Science, 2017, 134: 6.

[102] Tang Y D, Xu W H, Niu S, et al. Crosslinked dielectric materials for high-temperature capacitive energy storage [J]. J Mater Chem A, 2021, 9: 10000-10011.

[103] Meereboer N L, Terzic I, van der Steeg P, et al. Physical pinning and chemical crosslinking-induced relaxor ferroelectric behavior in P (VDF-ter-TrFE-ter-VA) terpolymers [J]. J Mater Chem A, 2019, 7: 2795-2803.

[104] Wang R, Xu H S, Cheng S, et al. Ultrahigh-energy-density dielectric materials from ferroelectric polymer/glucose all-organic composites with a cross-linking network of hydrogen bonds [J]. Energy Storage Mater., 2022, 49: 339-347.

[105] Chen X Z, Li Z W, Cheng Z X, et al. Greatly enhanced energy density and patterned films induced by photo cross-linking of poly (vinylidene fluoride-chlorotrifluoroethylene) [J]. Macromol Rapid Commun., 2011, 32: 94-99.

[106] Liu Y N, Chen J, Jiang X S, et al. All-organic cross-linked polysiloxane-aromatic thiourea dielectric films for electrical energy storage

application [J]. ACS Applied Energy Materials, 2020, 3: 5198-5207.

[107] Yuan X P, Chung T C M. Cross-linking effect on dielectric properties of polypropylene thin films and applications in electric energy storage [J]. Appl Phys Lett., 2011, 98: 3.

[108] Ren X T, Meng N, Zhang H, et al. Giant energy storage density in PVDF with internal stress polar nanostructures engineered [J]. Nano Energy, 2020, 72: 12.

[109] Zhou X, Chu B, Neese B, et al. Electrical energy density and discharge characteristics of a poly (vinylidene fluoride-chlorotrifluoroethylene) copolymer [J]. IEEE Transactions on Dielectrics Electrical Insulation, 2007, 14: 1133-1138.

[110] Zhou X, Zhao X H, Suo Z G, et al. Electrical breakdown and ultrahigh electrical energy density in poly (vinylidene fluoride-hexafluoropropylene) copolymer [J]. Appl Phys Lett., 2009, 94: 3.

[111] Guan F X, Pan J L, Wang J, et al. Crystal orientation effect on electric energy storage in poly (vinylidene fluoride-co-hexafluoropropylen) copolymers [J]. Macromolecules, 2010, 43: 384-392.

[112] Xia W M, Zhou Z J, Liu Y, et al. Crystal phase transition dependence of the energy storage performance of poly (vinylidene fluoride) and poly (vinylidene fluoride-hexafluoropropene) copolymers [J]. Journal of Applied Polymer Science, 2018, 135: 9.

[113] Zhang Z C, Chung T C M. The structure-property relationship of poly (vinylidene difluoride)-based polymers with energy storage and loss under applied electric fields [J]. Macromolecules, 2007, 40: 9391-9397.

[114] Chu B, Zhou X, Neese B, et al. Relaxor ferroelectric poly (vinylidene fluoride-trifluoroethylene-chlorofluoroethylene) terpolymer for high energy density storage capacitors [J]. IEEE Transactions on Dielectrics Electrical Insulation, 2006, 13: 1162-1169.

[115] Yang L Y, Tyburski B A, Dos Santos F D, et al. Relaxor ferroelectric behavior from strong physical pinning in a poly (vinylidene fluoride-co-trifluoroethylene-co-chlorotrifluoroethylene) random terpolymer [J]. Macromolecules, 2014, 47: 8119-8125.

[116] Gadinski M R, Li Q, Zhang G Z, et al. Understanding of relaxor ferroelectric behavior of poly (vinylidene fluoride-trifluoroethylene-chlo-

rotrifluoroethylene) terpolymers [J]. Macromolecules, 2015, 48: 2731-2739.

[117] Zhu L. Exploring strategies for high dielectric constant and low loss polymer dielectrics [J]. J Phys Chem Lett., 2014, 5: 3677-3687.

[118] Rahimabady M, Chen S T, Yao K, et al. High electric breakdown strength and energy density in vinylidene fluoride oligomer/poly (vinylidene fluoride) blend thin films [J]. Appl Phys Lett., 2011, 99: 3.

[119] Zhang X, Shen Y, Shen Z H, et al. Achieving high energy density in PVDF-based polymer blends: suppression of early polarization saturation and enhancement of breakdown strength [J]. ACS Appl Mater Interfaces, 2016, 8: 27236-27242.

[120] Ullah A, Rahman A U, Ahn C W, et al. Enhancement of dielectric and energy density properties in the PVDF-based copolymer/terpolymer blends [J]. Polym Eng Sci., 2015, 55: 1396-1402.

[121] Jung H B, Kim J W, Lim J H, et al. Energy storage properties of blended polymer films withnormal ferroelectric P(VDF-HFP) and relaxor ferroelectric P(VDF-TrFE-CFE) [J]. Electron Mater Lett., 2020, 16: 47-54.

[122] Ren X T, Meng N, Yan H X, et al. Remarkably enhanced polarisability and breakdown strength in PVDF-based interactive polymer blends for advanced energy storage applications [J]. Polymer, 2019, 168: 246-254.

[123] Wu S, Lin M, Lu D S, et al. Polar-fluoropolymer blends for high energy density low loss capacitor applications [J]. MRS Online Proceedings Library, 2011, 1312 (1).

[124] Wei W T, Huang C, Zhang L Y, et al. Design on polarization distribution in all-organic polymer hybrids for high density energy storage [J]. Chem Eng J., 2020, 394: 10.

[125] Mao P, Wang J P, Zhang L X, et al. Tunable dielectric polarization and breakdown behavior for high energy storage capability in P(VDF-TrFE-CFE)/PVDF polymer blended composite films [J]. Phys Chem Chem Phys., 2020, 22: 13143-13153.

[126] Luo B C, Wang X H, Wang H X, et al. P(VDF-HFP)/PMMA flexible composite films with enhanced energy storage density and efficiency

[J]. Compos Sci Technol. , 2017, 151: 94-103.

[127] Chu B J, Zhou Y. Energy storage properties of PVDF terpolymer/PMMA blends [J]. High Volt. , 2016, 1: 171-174.

[128] Liu F H, Li Z Y, Wang Q, et al. High breakdown strength and low loss binary polymer blends of poly (vinylidene fluoride-trifluoroethylene-chlorofluoroethylene) and poly (methyl methacrylate)[J]. Polym Adv Technol. , 2018, 29: 1271-1277.

[129] Zhu Y K, Jiang P K, Huang X Y. Poly (vinylidene fluoride) terpolymer and poly (methyl methacrylate) composite films with superior energy storage performance for electrostatic capacitor application [J]. Compos Sci Technol. , 2019, 179: 115-124.

[130] Burlingame Q, Wu S, Lin M R, et al. Conduction mechanisms and structure-property relationships in high energy density aromatic polythiourea dielectric films [J]. Adv Energy Mater. , 2013, 3: 1051-1055.

[131] Wu S, Li W P, Lin M R, et al. Aromatic polythiourea dielectrics with ultrahigh breakdown field strength, low dielectric loss, and high electric energy density [J]. Adv Mater. , 2013, 25: 1734-1738.

[132] Li W P, Jiang L, Zhang X, et al. High-energy-density dielectric films based on polyvinylidene fluoride and aromatic polythiourea for capacitors [J]. J Mater Chem A, 2014, 2: 15803-15807.

[133] Zhu H, Liu Z, Wang F H. Improved dielectric properties and energy storage density of poly (vinylidene fluoride-co-trifluoroethylene-co-chlorotrifluoroethylene) composite films with aromatic polythiourea [J]. J Mater Sci. , 2017, 52: 5048-5059.

[134] Li C W, Shi L W, Yang W Y, et al. All polymer dielectric films for achieving high energy density film capacitors by blending poly (vinylidene fluoride-trifluoroethylene-chlorofluoroethylene) with aromatic polythiourea. Nanoscale Res Lett. , 2020, 15: 9.

[135] Dang Z M, Yan W T, Xu H P. Novel high-dielectric-permittivity poly (vinylidene fluoride)/polypropylene blend composites: The influence of the poly (vinylidene fluoride) concentration and compatibilizer [J]. Journal of Applied Polymer Science, 2007, 105: 3649-3655.

[136] Chen Z X, Pei J Z, Li R. Study of the preparation and dielectric property of PP/SMA/PVDF blend material [J]. Appl Sci-Basel. , 2017,

7：8.

[137] Yuan J K，Dang Z M，Yao S H，et al. Fabrication and dielectric properties of advanced high permittivity polyaniline/poly (vinylidene fluoride) nanohybrid films with high energy storage density [J]. J Mater Chem.，2010，20：2441-2447.

[138] Ahmad A，Tong H，Fan T，et al. Binary polymer blend of ArPTU/PI with advanced comprehensive dielectric properties and ultra-high thermally stability [J]. Journal of Applied Polymer Science，2021，138：10.

[139] Li P，Yu J J，Jiang S H，et al. Dielectric，mechanical and thermal properties of all-organic PI/PSF composite films by in situ polymerization [J]. e-Polymers，2020，20：226-232.

[140] He G H，Liu Z J，Wang C，et al. Achieving superior energy storage properties of all-organic dielectric polystyrene-based composites by blending rod-coil block copolymers [J]. ACS Sustain Chem Eng.，2021，9：8156-8169.

[141] Mao X，Wu B，Zhang F F，et al. Synthesis and characterization of polyimide/liquid acrylonitrile-butadiene rubber composite films [J]. J Mater Sci-Mater Electron.，2019，30：16080-16086.

[142] Nie R P，Lei J，Jia L C，et al. Significantly improved high-temperature performance of polymer dielectric via building nanosheets and confined space [J]. Compos Pt B-Eng.，2020，196：11.

[143] Wang C C，Song J F，Bao H M，et al. Enhancement of electrical properties of ferroelectric polymers by polyaniline nanofibers with controllable conductivities [J]. Adv Funct Mater.，2008，18：1299-1306.

[144] Zhang L，Lu X，Zhang X Y，et al. All-organic dielectric nanocomposites using conducting polypyrrole nanoclips as filler [J]. Compos Sci Technol.，2018，167：285-293.

[145] Zhang L，Liu Z，Lu X，et al. Nano-clip based composites with a low percolation threshold and high dielectric constant [J]. Nano Energy，2016，26：550-557.

[146] Qian K，Qiao R，Chen S，et al. Enhanced permittivity in polymer blends via tailoring the orderliness of semiconductive liquid crystalline polymers and intermolecular interactions [J]. J Mater Chem C,

2020，8：8440-8450.

[147] Qiao R，Wang C，Chen S，et al. High-temperature dielectric polymers with high breakdown strength and energy density via constructing the electron traps in blends [J]. Compos Pt A-Appl Sci Manuf.，2022，152：10.

[148] Zhang C H，Zhang T Q，Feng M J，et al. Significantly improved energy storage performance of PVDF ferroelectric films by blending PMMA and filling PCBM [J]. ACS Sustain Chem Eng.，2021，9：16291-16303.

[149] Zhang R R，Li L L，Long S J，et al. High-temperature dielectric polymer composite films of all-organic PVDF/ABS with excellent energy storage performance and stability [J]. J Mater Chem C，2022，10：3480-3488.

[150] Yang L，Bao H，Dai Y，et al. Poly (acrylonitrile butadiene styrene)/poly (vinylidene fluoride) binary blends films with superior breakdown strength and discharge efficiency [J]. J Mater Sci-Mater Electron.，2021，32：17230-17240.

[151] Feng Q K，Pei J Y，Zhang Y X，et al. Achieving high insulating strength and energy storage properties of all-organic dielectric composites by surface morphology modification [J]. Compos Sci Technol.，2022，226：11.

[152] Prateek，Bhunia R，Garg A，et al. Poly (vinylpyrrolidone)/poly (vinylidene fluoride) as guest/host polymer blends：understanding the role of compositional transformation on nanoscale dielectric behavior through a simple solution-process route [J]. ACS Applied Energy Materials，2019，2：6146-6152.

[153] Zhang Y，Li L，Li X Y，et al. High-energy-density all-organic dielectric film via a continuous preparation processing [J]. Adv Funct Mater.，2023：9.

[154] Yang K，Huang X Y，He J L，et al. Strawberry-like core-shell Ag@polydopamine@$BaTiO_3$ hybrid nanoparticles for high-k polymer nanocomposites with high energy density and low dielectric loss [J]. Adv Mater Interfaces.，2015，2：10.

[155] Wang L，Huang X，Zhu Y，et al. Enhancing electrical energy storage capability of dielectric polymer nanocomposites via the room tem-

perature Coulomb blockade effect of ultra-small platinum nanoparticles [J]. Physical Chemistry Chemical Physics: PCCP, 2018, 20: 5001-5011.

[156] Xie Y C, Yu Y Y, Feng Y F, et al. Fabrication of stretchable nanocomposites with high energy density and low loss from cross-linked PVDF filled with poly (dopamine) encapsulated $BaTiO_3$ [J]. ACS Appl Mater Interfaces, 2017, 9: 2995-3005.

[157] Wang Z, Wang T, Wang C, et al. Poly (vinylidene fluoride) flexible nanocomposite films with dopamine-coated giant dielectric ceramic nanopowders, $Ba(Fe_{0.5}Ta_{0.5})O_3$, for high energy-storage density at low electric field [J]. ACS Appl Mater Interfaces, 2017, 9: 29130-29139.

[158] Wang J, Liu S H, Wang J Y, et al. Improving dielectric properties and energy storage performance of poly (vinylidene fluoride) nanocomposite by surface-modified $SrTiO_3$ nanoparticles [J]. J Alloy Compd., 2017, 726: 587-592.

[159] Zheng M S, Zheng Y T, Zha J W, et al. Improved dielectric, tensile and energy storage properties of surface rubberized $BaTiO_3$/polypropylene nanocomposites [J]. Nano Energy, 2018, 48: 144-151.

[160] Luo H, Zhang D, Jiang C, et al. Improved dielectric properties and energy storage density of poly (vinylidene fluoride-co-hexafluoropropylene) nanocomposite with hydantoin epoxy resin coated $BaTiO_3$ [J]. ACS Appl Mater Interfaces, 2015, 7: 8061-8069.

[161] Li H F, Wang L W, Zhu Y K, et al. Tailoring the polarity of polymer shell on $BaTiO_3$ nanoparticle surface for improved energy storage performance of dielectric polymer nanocomposites [J]. Chin Chem Lett., 2021, 32: 2229-2232.

[162] Zhang T D, Zhao X W, Zhang C H, et al. Polymer nanocomposites with excellent energy storage performances by utilizing the dielectric properties of inorganic fillers [J]. Chem Eng J., 2021, 408: 10.

[163] Bi K, Bi M, Hao Y, et al. Ultrafine core-shell $BaTiO_3@SiO_2$ structures for nanocomposite capacitors with high energy density [J]. Nano Energy, 2018, 51: 513-523.

[164] Yu K, Niu Y J, Bai Y Y, et al. Poly (vinylidene fluoride) polymer based nanocomposites with significantly reduced energy loss by filling

with core-shell structured $BaTiO_3/SiO_2$ nanoparticles [J]. Appl Phys Lett., 2013, 102: 5.

[165] Hu P H, Jia Z Y, Shen Z H, et al. High dielectric constant and energy density induced by the tunable TiO_2 interfacial buffer layer in PVDF nanocomposite contained with core-shell structured TiO_2@$BaTiO_3$ nanoparticles [J]. Appl Surf Sci., 2018, 441: 824-831.

[166] Huo X Y, Li W P, Zhu J J, et al. Composite based on Fe_3O_4@$BaTiO_3$ particles and polyvinylidene fluoride with excellent dielectric properties and high energy density [J]. J Phys Chem C, 2015, 119: 25786-25791.

[167] Yao L M, Pan Z B, Zhai J W, et al. High-energy-density with polymer nanocomposites containing of $SrTiO_3$ nanofibers for capacitor application [J]. Compos Pt A-Appl Sci Manuf., 2018, 109: 48-54.

[168] Chi Q G, Ma T, Zhang Y, et al. Significantly enhanced energy storage density for poly (vinylidene fluoride) composites by induced PDA-coated 0.5Ba ($Zr_{0.2}Ti_{0.8}$) O_3-0.5 ($Ba_{0.7}Ca_{0.3}$) TiO_3 nanofibers [J]. J Mater Chem A, 2017, 5: 16757-16766.

[169] Wang G Y, Huang X Y, Jiang P K. Tailoring dielectric properties and energy density of ferroelectric polymer nanocomposites by high-k nanowires [J]. ACS Appl Mater Interfaces, 2015, 7: 18017-18027.

[170] Pan Z B, Yao L M, Ge G L, et al. High-performance capacitors based on $NaNbO_3$ nanowires/poly (vinylidene fluoride) nanocomposites [J]. J Mater Chem A, 2018, 6: 14614-14622.

[171] Wang G Y, Huang X Y, Jiang P K. Mussel-inspired fluoro-polydopamine functionalization of titanium dioxide nanowires for polymer nanocomposites with significantly enhanced energy storage capability [J]. Sci Rep., 2017, 7: 12.

[172] Liu S H, Zhai J W. Improving the dielectric constant and energy density of poly (vinylidene fluoride) composites induced by surface-modified $SrTiO_3$ nanofibers by polyvinylpyrrolidone [J]. J Mater Chem A, 2015, 3: 1511-1517.

[173] Li Z Y, Liu F H, Yang G, et al. Enhanced energy storage performance of ferroelectric polymer nanocomposites at relatively low electric fields induced by surface modified $BaTiO_3$ nanofibers [J]. Compos Sci Technol., 2018, 164: 214-221.

[174] Wang G, Huang Y, Wang Y, et al. Substantial enhancement of energy storage capability in polymer nanocomposites by encapsulation of $BaTiO_3$ NWs with variable shell thickness [J]. Physical Chemistry Chemical Physics: PCCP, 2017, 19: 21058-21068.

[175] Kang D, Wang G Y, Huang Y H, et al. Decorating TiO_2 nanowires with $BaTiO_3$ nanoparticles: a new approach leading to substantially enhanced energy storage capability of high-k polymer nanocomposites. ACS Appl Mater Interfaces, 2018, 10: 4077-4085.

[176] Pan Z B, Yao L M, Zhai J W, et al. High-energy-density polymer nanocomposites composed of newly structured one-dimensional $BaTiO_3$@Al_2O_3 nanofibers [J]. ACS Appl Mater Interfaces, 2017, 9: 4024-4033.

[177] Pan Z B, Yao L M, Zhai J W, et al. Excellent energy density of polymer nanocomposites containing $BaTiO_3$@Al_2O_3 nanofibers induced by moderate interfacial area [J]. J Mater Chem A, 2016, 4: 13259-13264.

[178] Liu S H, Wang J, Shen B, et al. Poly (vinylidene fluoride) nanocomposites with a small loading of core-shell structured $BaTiO_3$@Al_2O_3 nanofibers exhibiting high discharged energy density and efficiency [J]. J Alloy Compd., 2017, 696: 136-142.

[179] Pan Z B, Yao L M, Liu J J, et al. Superior discharge energy density and efficiency in polymer nanocomposites induced by linear dielectric core-shell nanofibers [J]. J Mater Chem C, 2019, 7: 405-413.

[180] Liu S H, Xue S X, Shen B, et al. Reduced energy loss in poly (vinylidene fluoride) nanocomposites by filling with a small loading of core-shell structured $BaTiO_3/SiO_2$ nanofibers [J]. Appl Phys Lett., 2015, 107: 4.

[181] Tang H X, Zhou Z, Bowland C C, et al. Synthesis of calcium copper titanate ($CaCu_3Ti_4O_{12}$) nanowires with insulating SiO_2 barrier for low loss high dielectric constant nanocomposites [J]. Nano Energy, 2015, 17: 302-307.

[182] Xie B, Zhang L, Marwat M A, et al. High energy storage performance for dielectric film capacitors by designing 1D $SrTiO_3$@SiO_2 nanofillers [J]. Journal of Advanced Dielectrics, 2018, 8: 1850039.

[183] Xiong X Y, Zhang Q L, Zhang Z, et al. Superior energy storage per-

formance of PVDF-based composites induced by anovel nanotube structural BST@SiO_2 filler [J]. Compos Pt A-Appl Sci Manuf., 2021, 145: 8.

[184] Tang H X, Lin Y R, Sodano H A. Enhanced energy storage in nanocomposite capacitors through aligned PZT nanowires by uniaxial strain assembly [J]. Adv Energy Mater., 2012, 2: 469-476.

[185] Yao L M, Pan Z B, Liu S H, et al. Significantly enhanced energy density in nanocomposite capacitors combining the TiO_2 nanorod array with poly (vinylidene fluoride) [J]. ACS Appl Mater Interfaces, 2016, 8: 26343-26351.

[186] Liao S D, Shen Z H, Pan H, et al. A surface-modified TiO_2 nanorod array/P(VDF-HFP) dielectric capacitor with ultra high energy density and efficiency [J]. J Mater Chem C, 2017, 5: 12777-12784.

[187] Liu X R, Hu P H, Yu J Y, et al. Topologically distributed one-dimensional TiO_2 nanofillers maximize the dielectric energy density in a P(VDF-HFP) nanocomposite [J]. J Mater Chem A, 2020, 8: 18244-18253.

[188] Zhang D, Liu W W, Guo R, et al. High discharge energy density at low electric field using an aligned titanium dioxide/lead zirconate titanate nanowire array [J]. Adv Sci., 2018, 5: 7.

[189] Xie B, Zhang H B, Zhang Q, et al. Enhanced energy density of polymer nanocomposites at a low electric field through aligned $BaTiO_3$ nanowires [J]. J Mater Chem A, 2017, 5: 6070-6078.

[190] Chi Q, Zhou Y, Feng Y, et al. Excellent energy storage performance of polyetherimide filled by oriented nano fibers with optimized diameters [J]. Mater Today Energy, 2020, 18: 11.

[191] Ma J C, Zhang Y B, Miao L Y, et al. Combining covalent bonding interface among different components and controlled orientation of one-dimensional nanofibers for high energy density nanocomposites [J]. Compos Pt B-Eng., 2022, 243: 10.

[192] Zhang X, Jiang J Y, Shen Z H, et al. Polymer nanocomposites with ultrahigh energy density and high discharge efficiency by modulating their nanostructures in three dimensions [J]. Adv Mater., 2018, 30: 10.

[193] Fang X L, Liu X Y, Cui Z K, et al. Preparation and properties of thermostable well-functionalized graphene oxide/polyimide composite

films with high dielectric constant, low dielectric loss and high strength via in situ polymerization [J]. J Mater Chem A, 2015, 3: 10005-10012.

[194] Zhi X, Mao Y Y, Yu Z Z, et al. gamma-Aminopropyl triethoxysilane functionalized graphene oxide for composites with high dielectric constant and low dielectric loss [J]. Compos Pt A-Appl Sci Manuf., 2015, 76: 194-202.

[195] Li Y C, Bi X Q, Wang S S, et al. Core-shell structured polyethylene glycol functionalized graphene for energy-storage polymer dielectrics: Combined mechanical and dielectric performances [J]. Compos Sci Technol., 2020, 199: 9.

[196] Feng H, Ma W J, Cui Z K, et al. Core/shell-structured hyperbranched aromatic polyamide functionalized graphe nenanosheets-poly (p-phenylene benzobisoxazole) nanocomposite films with improved dielectric properties and thermostability [J]. J Mater Chem A, 2017, 5: 8705-8713.

[197] Cheng L, Liu K, Wang M Q, et al. Improvement of dielectric properties and energy storage performance in sandwich-structured P(VDF-CTFE) composites with low content of GO nanosheets [J]. Nanotechnology, 2021, 32: 11.

[198] Jia Q C, Huang X Y, Wang G Y, et al. MoS_2 Nanosheet Superstructures Based Polymer Composites for High-Dielectric and Electrical Energy Storage Applications [J]. J Phys Chem C, 2016, 120: 10206-10214.

[199] Zhu Y K, Yao H, Jiang P K, et al. Two-dimensional high-k nanosheets for dielectric polymer nanocomposites with ultrahigh discharged energy density [J]. J Phys Chem C, 2018, 122: 18282-18293.

[200] Chen J W, Wang X C, Yu X M, et al. High dielectric constant and low dielectric loss poly (vinylidene fluoride) nanocomposites via a small loading of two-dimensional Bi_2Te_3@Al_2O_3 hexagonal nanoplates [J]. J Mater Chem C, 2018, 6: 271-279.

[201] Chen J W, Wang X C, Yu X M, et al. Significantly improved dielectric performances of nanocomposites via loading two-dimensional core-shell structure Bi_2Te_3@SiO_2 nanosheets [J]. Appl Surf Sci., 2018, 447: 704-710.

[202] Yang J W, Xie H A, Chen H, et al. Cellulose nanofibril/boron nitride nanosheet composites with enhanced energy density and thermal stability by interfibrillar cross-linking through Ca^{2+} [J]. J Mater Chem A, 2018, 6: 1403-1411.

[203] Pan Z B, Liu B H, Zhai J W, et al. $NaNbO_3$ two-dimensional platelets induced highly energy storage density in trilayered architecture composites [J]. Nano Energy, 2017, 40: 587-595.

[204] Pan Z B, Ding Q L, Yao L M, et al. Simultaneously enhanced discharge energy density and efficiency in nanocomposite film capacitors utilizing two-dimensional $NaNbO_3$@Al_2O_3 platelets [J]. Nanoscale, 2019, 11: 10546-10554.

[205] Bao Z W, Hou C M, Shen Z H, et al. Negatively charged nanosheets significantly enhance the energy-storage capability of polymer-based nanocomposites [J]. Adv Mater., 2020, 32: 10.

[206] Wen F, Lou H Y, Ye J F, et al. Preparation and energy storage performance of transparent dielectric films with two-dimensional platelets [J]. Compos Sci Technol., 2019, 182: 10.

[207] Zhang R R, Sheng Q H, Ye L N, et al. Two-dimensional $SrTiO_3$ platelets induced the improvement of energy storage performance in polymer composite films at low electric fields [J]. Ceram Int., 2022, 48: 7145-7152.

[208] Wu L Y, Wu K, Liu D Y, et al. Largely enhanced energy storage density of poly (vinylidene fluoride) nanocomposites based on surface hydroxylation of boron nitride nanosheets [J]. J Mater Chem A, 2018, 6: 7573-7584.

[209] Li Q, Zhang G Z, Liu F H, et al. Solution-processed ferroelectric terpolymer nanocomposites with high breakdown strength and energy density utilizing boron nitride nanosheets [J]. Energy Environ Sci., 2015, 8: 922-931.

[210] Chen J, Shen Z H, Kang Q, et al. Chemical adsorption on 2D dielectric nanosheets for matrix free nanocomposites with ultrahigh electrical energy storage [J]. Sci Bull., 2022, 67: 609-618.

[211] Luo H, Wu Z, Zhou X F, et al. Enhanced performance of P(VDF-HFP) composites using two-dimensional $BaTiO_3$ platelets and graphene hybrids [J]. Compos Sci Technol., 2018, 160: 237-244.

[212] Guo F M, Shen X, Zhou J M, et al. Highly thermally conductive dielectric nanocomposites with synergistic alignments of graphene and boron nitride nanosheets [J]. Adv Funct Mater., 2020, 30: 13.

[213] Li X Q, Wang J Y, Chen H, et al. Flexible dielectric nanocomposite films based on chitin/boron nitride/ copper calcium titanate with high energy density [J]. Compos Pt A-Appl Sci Manuf., 2021, 149: 8.

[214] Xie Z L, Liu D Y, Wu K, et al. Improved dielectric and energy storage properties of polypropylene by adding hybrid fillers and high-speed extrusion [J]. Polymer, 2021, 214: 9.

[215] Wen F, Zhu C L, Li L L, et al. Enhanced energy storage performance of polymer nanocomposites using hybrid 2D ZnO@MoS_2 semiconductive nano-fillers [J]. Chem Eng J., 2022, 430: 10.

[216] Li Q, Han K, Gadinski M R, et al. High energy and power density capacitors from solution-processed ternary ferroelectric polymer nanocomposites [J]. Adv Mater., 2014, 26: 6244-6249.

[217] Zhang X, Shen Y, Zhang Q H, et al. Ultrahigh energy density of polymer nanocomposites containing $BaTiO_3$@TiO_2 nanofibers by atomic-scale interface engineering [J]. Adv Mater., 2015, 27: 819-824.

[218] Zhang X, Shen Y, Xu B, et al. Giant energy density and improved discharge efficiency of solution-processed polymer nanocomposites for dielectric energy storage [J]. Adv Mater., 2016, 28: 2055.

[219] Lin X, Hu P H, Jia Z Y, et al. Enhanced electric displacement induces large energy density in polymer nanocomposites containing core-shell structured $BaTiO_3$@TiO_2 nanofibers [J]. J Mater Chem A, 2016, 4: 2314-2320.

[220] Luo S B, Yu J Y, Yu S H, et al. Significantly enhanced electrostatic energy storage performance of flexible polymer composites by introducing highly insulating-ferroelectric microhybrids as fillers [J]. Adv Energy Mater., 2019, 9: 7.

[221] Luo B C, Shen Z H, Cai Z M, et al. Superhierarchical inorganic/organic nanocomposites exhibiting simultaneous ultrahigh dielectric energy density and high efficiency [J]. Adv Funct Mater., 2021, 31: 11.

[222] Ji Q, Hou Y F, Wei S X, et al. Excellent energy storage performance in bilayer composites combining aligned TiO_2 nanoarray and random

TiO_2 nanowires with poly (vinylidene fluoride) [J]. J Phys Chem C, 2020, 124: 2864-2871.

[223] Guo R, Luo H, Zhai D, et al. Bilayer structured PVDF-based composites via integrating $BaTiO_3$ nanowire arrays and BN nanosheets for high energy density capacitors [J]. Chem Eng J., 2022, 437: 11.

[224] Dang Z E, Yang H B, Lin Y, et al. Enhanced energy storage performance of bilayer composite films with $Na_{0.5}Bi_{0.5}TiO_3$ platelets [J]. Ceram Int., 2021, 47: 25009-25016.

[225] Li H, Yao B, Zhou Y, et al. Bilayer-structured polymer nanocomposites exhibiting high breakdown strength and energy density via interfacial barrier design [J]. ACS Applied Energy Materials, 2020, 3: 8055-8063.

[226] Xie B, Zhang Q, Zhang L, et al. Ultrahigh discharged energy density in polymer nanocomposites by designing linear/ferroelectric bilayer heterostructure [J]. Nano Energy, 2018, 54: 437-446.

[227] Chen C, Xing J W, Cui Y, et al. Designing of ferroelectric/linear dielectric bilayer films: an effective way to improve the energy storage performances of polymer-based capacitors [J]. J Phys Chem C, 2020, 124: 5920-5927.

[228] Chen C, Zhang C H, Zhang T D, et al. Improved energy storage performances of solution-processable ferroelectric polymer by modulating of microscopic and mesoscopic structure [J]. Compos Pt B-Eng., 2020, 199: 9.

[229] Sun L, Shi Z C, Wang H L, et al. Ultrahigh discharge efficiency and improved energy density in rationally designed bilayer polyetherimide-$BaTiO_3$/P(VDF-HFP) composites [J]. J Mater Chem A, 2020, 8: 5750-5757.

[230] Liu Y, Hou Y F, Ji A, et al. Significant enhancement of energy storage performances by regulating the dielectric contrast between adjacent layers in the heterostructural composites [J]. ACS Applied Energy Materials, 2020, 3: 3015-3023.

[231] Kim Y, Kathaperumal M, Chen V W, et al. Bilayer structure with ultrahigh energy/power density using hybrid sol-gel dielectric and charge-blocking monolayer [J]. Adv Energy Mater., 2015, 5: 5.

[232] Kim Y, Kathaperumal M, Park Y, et al. High-energy-density hybrid

sol-gel dielectric film capacitors with a polymeric charge blocking layer [J]. J Mater Chem A, 2017, 5: 25522-25528.

[233] Zhu Y, Jiang P, Huang X. Enhancing discharged energy density and suppressing dielectric loss of poly (vinylidene fluoride-ter-trifluoroethylene-ter-chlorofluoroethylene) by a sandwiched structure [J]. IET Nanodielectrics, 2018, 1: 127-131.

[234] Chen J, Wang Y F, Dong J F, et al. Ultrahigh energy storage density at low operating field strength achieved in multicomponent polymer dielectrics with hierarchical structure [J]. Compos Sci Technol., 2021, 201: 9.

[235] Chen J, Wang Y F, Xu X W, et al. Ultrahigh discharge efficiency and energy density achieved at low electric fields in sandwich-structured polymer films containing dielectric elastomers [J]. J Mater Chem A, 2019, 7: 3729-3736.

[236] Zhang W C, Guan F, Jiang M, et al. Enhanced energy storage performance of all-organic sandwich structured dielectrics with FPE and P (VDF-HFP) [J]. Compos Pt A-Appl Sci Manuf., 2022, 159: 10.

[237] Sun L, Shi Z C, He B L, et al. Asymmetric trilayer all-polymer dielectric composites with simultaneous high efficiency and high energy density: a novel design targeting for advanced energy storage capacitors [J]. Adv Funct Mater., 2021, 31: 10.

[238] Chen J, Li Y, Wang Y F, et al. Significantly improved breakdown strength and energy density of tri-layered polymer nanocomposites with optimized graphene oxide [J]. Compos Sci Technol, 2020, 186: 8.

[239] Liu Y, Luo H, Zhai D, et al. Improved energy density and energy efficiency of poly (vinylidene difluoride) nanocomposite dielectrics using $0.93Na_{0.5}Bi_{0.5}TiO_3$-$0.07BaTiO_3$ nanofibers [J]. ACS Appl Mater Interfaces, 2022, 14: 19376-19387.

[240] Chen H Y, Liu Y, Yan M Y, et al. Enhanced energy density in sandwich-structured P(VDF-HFP) nanocomposites containing $Hf_{0.5}Zr_{0.5}O_2$ nanofibers [J]. Chem Eng J., 2022, 436: 9.

[241] Marwat M A, Ma W G, Fan P Y, et al. Ultrahigh energy density and thermal stability in sandwich-structured nanocomposites with dopamine@Ag@$BaTiO_3$ [J]. Energy Storage Mater., 2020, 31: 492-504.

[242] Liang X W, Yu X C, Lv L L, et al. $BaTiO_3$ internally decorated hollow porous carbon hybrids as fillers enhancing dielectric and energy storage performance of sandwich-structured polymer composite [J]. Nano Energy, 2020, 68: 9.

[243] Chen G R, Lin J Q, Wang X, et al. Three-layer structure design for enhancing the energy efficiency and breakdown strength of $KTa_{0.5}Nb_{0.5}O_3$/polyimide nanocomposite films with high thermal stability [J]. J Mater Sci-Mater Electron., 2017, 28: 13861-13868.

[244] Luo H, Zhang D, Wang L, et al. Highly enhanced dielectric strength and energy storage density in hydantoin@$BaTiO_3$-P(VDF-HFP) composites with a sandwich-structure [J]. RSC Adv., 2015, 5: 52809-52816.

[245] Wang Y F, Cui J, Wang L X, et al. Compositional tailoring effect on electric field distribution for significantly enhanced breakdown strength and restrained conductive loss in sandwich-structured ceramic/polymer nanocomposites. J Mater Chem A, 2017, 5: 4710-4718.

[246] Liu F H, Li Q, Cui J, et al. High-energy-density dielectric polymer nanocomposites with trilayered architecture. Adv Funct Mater., 2017, 27: 7.

[247] Cheng Y, Pan Z B, Bai H R, et al. Two-dimensional fillers induced superior electrostatic energy storage performance in trilayered architecture nanocomposites [J]. ACS Appl Mater Interfaces, 2022, 14: 8448-8457.

[248] Hu P H, Shen Y, Guan Y H, et al. Topological-structure modulated polymer nanocomposites exhibiting highly enhanced dielectric strength and energy density [J]. Adv Funct Mater., 2014, 24: 3172-3178.

[249] Shen Y, Hu Y H, Chen W W, et al. Modulation of topological structure induces ultrahigh energy density of graphene/$Ba_{0.6}Sr_{0.4}TiO_3$ nanofiber/polymer nanocomposites [J]. Nano Energy, 2015, 18: 176-186.

[250] Wang Y F, Cui J, Yuan Q B, et al. Significantly enhanced breakdown strength and energy density in sandwich-structured barium titanate/poly (vinylidene fluoride) nanocomposites [J]. Adv Mater., 2015, 27: 6658.

[251] Wang Y F, Wang L X, Yuan Q B, et al. Ultrahigh electric displace-

ment and energy density in gradient layer-structured $BaTiO_3$/PVDF nanocomposites with an interfacial barrier effect [J]. J Mater Chem A, 2017, 5: 10849-10855.

[252] Wang Y F, Wang L X, Yuan Q B, et al. Ultrahigh energy density and greatly enhanced discharged efficiency of sandwich-structured polymer nanocomposites with optimized spatial organization [J]. Nano Energy, 2018, 44: 364-370.

[253] Zhu Y K, Zhu Y J, Huang X Y, et al. High energy density polymer dielectrics interlayered by assembled boron nitride nanosheets [J]. Adv Energy Mater., 2019, 9: 10.

[254] Wu Z Q, Peng Y W, Guo Q, et al. Multilayer heterogeneous dielectric films with simultaneously improved dielectric constant and breakdown strength [J]. Mater Today Commun., 2022, 32: 8.

[255] Wang T, Peng R C, Peng W J, et al. 2-2 Type PVDF-based composites interlayered by epitaxial (111)-oriented BTO films for high energy storage density [J]. Adv Funct Mater., 2022, 32: 9.

[256] Zhang T D, Qi Z F, Zhang C H, et al. Improved Energy Storage PMMA Composite Film Based on SiO_2 Insulating Layer [J]. Proceedings of the Chinese Society of Electrical Engineering, 2022, 42: 2797-2804.

[257] Jiang Y, Zhang X, Shen Z H, et al. Ultrahigh breakdown strength and improved energy density of polymer nanocomposites with gradient distribution of ceramic nanoparticles [J]. Adv Funct Mater., 2020, 30: 9.

[258] Jiang J Y, Shen Z H, Qian J F, et al. Synergy of micro-/mesoscopic interfaces in multilayered polymer nanocomposites induces ultrahigh energy density for capacitive energy storage [J]. Nano Energy, 2019, 62: 220-229.

[259] Zeng Y, Shen Z H, Shen Y, et al. High energy density and efficiency achieved in nanocomposite film capacitors via structure modulation. Appl Phys Lett., 2018, 112: 4.

[260] Feng M J, Chi Q G, Feng Y, et al. High energy storage density and efficiency in aligned nanofiber filled nanocomposites with multilayer structure [J]. Compos Pt B-Eng., 2020, 198: 8.

[261] Jiang J Y, Shen Z H, Qian J F, et al. Ultrahigh discharge efficiency

in multilayered polymer nanocomposites of high energy density [J]. Energy Storage Mater., 2019, 18: 213-221.

[262] Zhang T, Dan Z K, Shen Z H, et al. An alternating multilayer architecture boosts ultrahigh energy density and high discharge efficiency in polymer composites [J]. RSC Adv., 2020, 10: 5886-5893.

[263] Mackey M, Hiltner A, Baer E, et al. Enhanced breakdown strength of multilayered films fabricated by forced assembly microlayer coextrusion [J]. J Phys D-Appl Phys., 2009, 42: 12.

[264] Mackey M, Schuele D E, Zhu L, et al. Reduction of dielectric hysteresis in multi layered films via nanoconfinement [J]. Macromolecules, 2012, 45: 1954-1962.

[265] Tseng J K, Tang S, Zhou Z, et al. Interfacial polarization and layer thickness effect on electrical insulation in multilayered polysulfone/poly(vinylidene fluoride) films [J]. Polymer, 2014, 55: 8-14.

[266] Zhu J M, Shen J B, Guo S Y, et al. Confined distribution of conductive particles in polyvinylidene fluoride-based multilayered dielectrics: toward high permittivity and breakdown strength [J]. Carbon, 2015, 84: 355-364.

[267] Gao W L, Zheng Y, Shen J B, et al. Electrical properties of polypropylene-based composites controlled by multilayered distribution of conductive particles [J]. ACS Appl Mater Interfaces, 2015, 7: 1541-1549.

[268] Ji W J, Deng H, Fu Q. Heterogeneous filler distribution in polymeric capacitor films: An efficient route to improve their dielectric properties. Compos Sci Technol., 2017, 151: 131-138.

[269] Zhang Y J, Yang H B, Dang Z E, et al. Multilayer structured poly (vinylidene fluoride)-based composite film with ultrahigh breakdown strength and discharged energy density [J]. ACS Appl Mater Interfaces, 2020, 12: 22137-22145.

[270] Gong R J, Yuan L, Liang G Z, et al. Preparation and mechanism of high energy density cyanate ester composites with ultralow loss tangent and higher permittivity through building a multilayered structure with conductive, dielectric, and insulating layers [J]. J Phys Chem C, 2019, 123: 13482-13490.

[271] Sun L, Shi Z C, Liang L, et al. Layer-structured $BaTiO_3$/P(VDF-

HFP) composites with concurrently improved dielectric permittivity and breakdown strength toward capacitive energy-storage applications [J]. J Mater Chem C，2020，8：10257-10265.

[272] Li W Y，Song Z Q，Zhong J M，et al. Multilayer-structured transparent MXene/PVDF film with excellent dielectric and energy storage performance [J]. J Mater Chem C，2019，7：10371-10378.

[273] Chen C，Zhang T D，Zhang C H，et al. Improved energy storage performance of P(VDF-TrFE-CFE) multilayer films by utilizing inorganic functional layers [J]. ACS Applied Energy Materials，2021，4：11726-11734.

[274] Wu X D，Song G H，Zhang X F，et al. Multilayer polyetherimide films incorporating alumina nanolayers for dielectric capacitors [J]. Chem Eng J.，2022，450：8.

[275] Zhang Z B，Wang D H，Litt M H，et al. High-temperature and high-energy-density dipolar glass polymers based on sulfonylated poly（2，6-dimethyl-1，4-phenylene oxide）[J]. Angew Chem-Int Edit.，2018，57：1528-1531.

[276] Zhang Z B，Zheng J F，Premasiri K，et al. High-kappa polymers of intrinsic microporosity：anew class of high temperature and low loss dielectrics for printed electronics [J]. Mater Horizons，2020，7：592-597.

[277] Wei J J，Ju T X，Huang W，et al. High dielectric constant dipolar glass polymer based on sulfonylated poly（ether ether ketone）[J]. Polymer，2019，178：7.

[278] Li J L，Wang S J，Zhu Y J，et al. Biaxially oriented films of grafted-polypropylene with giant energy density and high efficiency at 125℃. J Mater Chem A，2023，11：10659-10668.

[279] Xu D，Xu W H，Seery T，et al. Rational design of soluble polyaramid for high-efficiency energy storage dielectric materials at elevated temperatures [J]. Macromol Mater Eng.，2020，305：5.

[280] Dong J F，Li L，Qiu P Q，et al. Scalable polyimide-organosilicate hybrid films for high-temperature capacitive energy storage [J]. Adv Mater.，2023，35：8.

[281] Zhang M R，Zhu B F，Zhang X，et al. Depressing relaxation and conduction loss of polar polymer materials by inserting bulky charge traps

for superior energy storage performance in high-pulse energy storage capacitor applications [J]. Mater Horizons，2023：9.

[282] Li H，Gadinski M R，Huang Y Q，et al. Crosslinked fluoropolymers exhibiting superior high-temperature energy density and charge-discharge efficiency [J]. Energy Environ Sci.，2020，13：1279-1286.

[283] Pan Z Z，Li L，Wang L A，et al. Tailoring poly (styrene-co-maleic anhydride) networks for all-polymer dielectrics exhibiting ultrahigh energy density and charge-discharge efficiency at elevated temperatures [J]. Adv Mater.，2023，35：8.

[284] Zhu L X，Zheng Z L，Xu W H，et al. Optimizing high-temperature capacitive energy storage performance by constructing crosslinked structure in self-crosslinkable polyetherimides [J]. Mater Today Energy，2022，30：8.

[285] Chen S Y，Meng G D，Kong B，et al. Asymmetric alicyclic amine-polyether amine molecular chain structure for improved energy storage density of high-temperature crosslinked polymer capacitor [J]. Chem Eng J.，2020，387：9.

[286] Bao Z W，Ding S，Dai Z Z，et al. Significantly enhanced high-temperature capacitive energy storage in cyclic olefin copolymer dielectric films via ultraviolet irradiation [J]. Mater Horizons，2023，10：2120-2127.

[287] Wu C，Deshmukh A A，Li Z Z，et al. Flexible temperature-invariant polymer dielectrics with large bandgap [J]. Adv Mater.，2020，32：6.

[288] Alamri A，Wu C，Mishra A，et al. Improving the rotational freedom of polyetherimide：enhancement of the dielectric properties of a commodity high-temperature polymer using a structural defect [J]. Chem Mat.，2022，34：6553-6558.

[289] Zhou C Y，Xu W H，Zhang B，et al. Curly-packed structure polymers for high-temperature capacitive energy storage [J]. Chem Mat.，2022，34：2333-2341.

[290] Song J H，Qin H M，Qin S Y，et al. Alicyclic polyimides with large band gaps exhibit superior high-temperature capacitive energy storage [J]. Mater Horizons，2023，10：2139-2148.

[291] Wang R, Zhu Y J, Fu J, et al. Designing tailored combinations of structural units in polymer dielectrics for high-temperature capacitive energy storage [J]. Nat Commun., 2023, 14: 11.

[292] Chen J, Zhou Y, Huang X, et al. Ladderphane copolymers for high-temperature capacitive energy storage [J]. Nature, 2023, 615: 62-66.

[293] Zhang B, Chen X M, Pan Z, et al. Superior high-temperature energy density in molecular semiconductor/polymer all-organic composites [J]. Adv Funct Mater., 2023, 33: 8.

[294] Feng M J, Feng Y, Zhang C H, et al. Ultrahigh energy storage performance of all-organic dielectrics at high-temperature by tuning the density and location of traps [J]. Mater Horizons., 2022, 9: 3002-3012.

[295] Feng M J, Feng Y, Zhang C H, et al. Enhanced high-temperature energy storage performance of all-organic composite dielectric via constructing fiber-reinforced structure [J]. Energy Environ Mater., 2023: 9.

[296] Zhang Q Y, Chen X, Zhang B, et al. High-temperature polymers with record-high breakdown strength enabled by rationally designed chain-packing behavior in blends [J]. Matter, 2021, 4: 2448-2459.

[297] Li J, Liu X, Huang B, et al. Thermally activated dynamic bonding network for enhancing high-temperature energy storage performance of PEI-based dielectrics [J]. Mater Horizons, 2023.

[298] Li Q, Chen L, Gadinski M R, et al. Flexible high-temperature dielectric materials from polymer nanocomposites [J]. Nature, 2015, 523: 576.

[299] Dai Z Z, Bao Z W, Ding S, et al. Scalable polyimide-poly (amic acid) copolymer based nanocomposites for high-temperature capacitive energy storage [J]. Adv Mater., 2022, 34: 9.

[300] Jin L, Liu J, Zhu L X, et al. Crosslinked poly (aryl ether ketone)/boron nitride nanocomposites containing a stable chemical bonding structure as high temperature dielectrics [J]. Compos Sci Technol., 2021, 213: 9.

[301] Zhou Y, Yuan C, Wang S J, et al. Interface-modulated nanocomposites based on polypropylene for high-temperature energy storage [J].

Energy Storage Mater. , 2020, 28: 255-263.

[302] Sun B Z, Hu P H, Ji X M, et al. Excellent stability in polyetherimide/SiO_2 nanocomposites with ultrahigh energy density and discharge efficiency at high temperature [J]. Small, 2022, 18: 8.

[303] Ai D, Li H, Zhou Y, et al. Tuning nanofillers in In situ prepared polyimide nanocomposites for high-temperature capacitive energy storage [J]. Adv Energy Mater. , 2020, 10: 7.

[304] Ren L L, Li H, Xie Z L, et al. High-temperature high-energy-density dielectric polymer nanocomposites utilizing inorganic core-shell nanostructured nanofillers [J]. Adv Energy Mater. , 2021, 11: 8.

[305] Li J L, Liu X X, Feng Y, et al. Constructing bidirectional-matched interface between polymer and 2D nanosheets for enhancing energy storage performance of the composites [J]. Energy Storage Mater. , 2023, 54: 605-614.

[306] Hu P H, Sun W D, Fan M Z, et al. Large energy density at high-temperature and excellent thermal stability in polyimide nanocomposite contained with small loading of $BaTiO_3$ nanofibers [J]. Appl Surf Sci. , 2018, 458: 743-750.

[307] Feng Q K, Dong Q, Zhang D L, et al. Enhancement of high-temperature dielectric energy storage performances of polyimide nanocomposites utilizing surface functionalized MAX nanosheets [J]. Compos Sci Technol. , 2022, 218: 7.

[308] Li H, Ren L L, Ai D, et al. Ternary polymer nanocomposites with concurrently enhanced dielectric constant and breakdown strength for high-temperature electrostatic capacitors [J]. InfoMat. , 2020, 2: 389-400.

[309] Dou L Y, Yang B B, Lan S, et al. High-entropy-nanofibers enhanced polymer nanocomposites for high-performance energy storage [J]. Adv Energy Mater. , 2023, 13: 7.

[310] Zhi J P, Wang J, Shen Z H, et al. Nanofiber-reinforced polymernanocomposite with hierarchical interfaces for high-temperature dielectric energy storage applications [J]. Sci China-Mater. , 2023: 10.

[311] Ju T X, Chen X Y, Langhe D, et al. Enhancing breakdown strength and lifetime of multilayer dielectric films by using high temperature polycarbonate skin layers [J]. Energy Storage Mater. , 2022, 45:

494-503.

[312] Liu G, Feng Y, Zhang T D, et al. High-temperature all-organic energy storage dielectric with the performance of self-adjusting electric field distribution [J]. J Mater Chem A, 2021, 9: 16384-16394.

[313] Feng Q K, Zhang Y X, Liu D F, et al. Dielectric and energy storage properties of all-organic sandwich-structured films used for high-temperature film capacitors [J]. Mater Today Energy, 2022, 29: 9.

[314] Li Y S, Cheng S, Wang S J, et al. Multilayered ferroelectric polymer composites with high energy density at elevated temperature [J]. Compos Sci Technol., 2021, 202: 9.

[315] Luo S B, Ansari T Q, Yu J Y, et al. Enhancement of dielectric breakdown strength and energy storage of all-polymer films by surface flattening [J]. Chem Eng J., 2021, 412: 8.

[316] Li Q, Liu F H, Yang T N, et al. Sandwich-structured polymer nanocomposites with high energy density and great charge-discharge efficiency at elevated temperatures [J]. Proc Natl Acad Sci USA, 2016, 113: 9995-10000.

[317] Chi Q G, Gao Z Y, Zhang T D, et al. Excellent energy storage properties with high-temperature stability in sandwich-structured polyimide-based composite films [J]. ACS Sustain Chem Eng., 2019, 7: 748-757.

[318] Zhao D Y, Cai Q N, Zhu X B, et al. Multilayer dielectric nanocomposites with cross-linked dielectric transition interlayers for high-temperature applications [J]. ACS Appl Mater Interfaces, 2022, 14: 42531-42540.

[319] Chen H X, Pan Z B, Cheng Y, et al. Ultrahigh charge-discharge efficiency and high energy density of a high-temperature stable sandwich-structured polymer [J]. J Mater Chem A, 2022, 10: 1579-1587.

[320] Wang P, Yao L M, Pan Z B, et al. Ultrahigh energy storage performance of layered polymer nanocomposites over a broad temperature range [J]. Adv Mater., 2021, 33: 7.

[321] Azizi A, Gadinski M R, Li Q, et al. High-performance polymers sandwiched with chemical vapor deposited hexagonal boron nitrides as scalable high-temperature dielectric materials [J]. Adv Mater., 2017, 29: 7.

[322] Liu G, Zhang T D, Feng Y, et al. Sandwich-structured polymers with

electrospun boron nitrides layers as high-temperature energy storage dielectrics [J]. Chem Eng J. , 2020, 389: 12.

[323] Cheng S, Zhou Y, Hu J, et al. Polyimide films coated by magnetron sputtered boron nitride for high-temperature capacitor dielectrics [J]. IEEE Transactions on Dielectrics Electrical Insulation, 2020, 27: 498-503.

[324] Zhang T D, Yang L Y, Ruan J Y, et al. Improved high-temperature energy storage performance of PEI dielectric films by introducing an SiO_2 insulating layer [J]. Macromol Mater Eng. , 2021: 8.

[325] Zhang B, Li Z, Ren M, et al. A superior nanolaminate dielectric barrier coating for high breakdown strength [C]. 2017 IEEE Conference on Electrical Insulation and Dielectric Phenomenon (CEIDP): IEEE, 2017: 461-464.

[326] Dong J F, Hu R C, Niu Y J, et al. Enhancing high-temperature capacitor performance of polymer nanocomposites by adjusting the energy level structure in the micro-/meso-scopic interface region [J]. Nano Energy, 2022, 99: 10.

[327] Dong J F, Hu R C, Xu X W, et al. A facile in situ surface-functionalization approach to scalable laminated high-temperature polymer dielectrics with ultrahigh capacitive performance [J]. Adv Funct Mater. , 2021, 31: 9.

[328] Cheng S, Zhou Y, Li Y S, et al. Polymer dielectrics sandwiched by medium-dielectric-constantnanoscale deposition layers for high-temperature capacitive energy storage [J]. Energy Storage Mater. , 2021, 42: 445-453.

[329] Li H, Chang B S, Kim H, et al. High-performing polysulfate dielectrics for electrostatic energy under harsh conditions [J]. Joule, 2023, 7: 95-111.

[330] Zhang T D, Yang L Y, Zhang C H, et al. Polymer dielectric films exhibiting superior high-temperature capacitive performance by utilizing an inorganic insulation interlayer [J]. Mater Horizons, 2022, 9: 1273-1282.

[331] Zhang K Y, Ma Z Y, Deng H, et al. Improving high-temperature energy storage performance of PI dielectric capacitor films through boron nitride interlayer [J]. Adv Compos Hybrid Mater. , 2022, 5:

238-249.

[332] Yang M H, Li Q M, Zhang X M, et al. Surface engineering of 2D dielectric polymer films for scalable production of High-Energy-Density films [J]. Prog Mater Sci. , 2022, 128: 37.

[333] Tan D Q, Wu X D. A case study of high-temperature polyetherimide film capacitor fabrication [J]. Mater Today Energy, 2022, 30: 8.

[334] Kong Z, Xu B, Tong C, et al. Influence of heat treatment on properties of high-current metallized film capacitors [C]. 2012 IEEE International Power Modulator and High Voltage Conference (IPMHVC): IEEE, 2012: 799-800.

[335] El-Husseini M, Venet P, Al-Majid A, et al. Manufacturing technology effect on current pulse handling performance of metallized polypropylene film capacitors [J]. Journal of Physics D: Applied Physics, 2003, 36: 2295.

[336] Picci G, Rabuffi M. Pulse handling capability of energy storage metallized film capacitors [J]. IEEE Transactions on Plasma Science, 2000, 28: 1603-1606.

[337] Belko V O, Emelyanov O A, Ivanov I O, et al. Self-Healing Processes of Metallized Film Capacitors in Overload Modes—Part 1: Experimental Observations [J]. IEEE Transactions on Plasma Science, 2021, 49: 1580-1587.

[338] TDK-Film Capacitor [2025-02-24]. https://www. tdk-electronics. tdk. com. cn/inf/20/20/ds/mkp _ b32714h _ 718h. pdf.

[339] Ramos R. Film capacitors in power applications: Choices and particular characteristics needed [J]. IEEE Power Electronics Magazine, 2018, 5: 45-50.

[340] Stahler D. Types of wound film capacitors [J]. US Tech-The Global Electronics Publication Arizona Capacitors Inc, Tucson, Arizona, Mid-Atlantic Tech Publications, Phoenixville, Pennsylvania, USA, 2013.

[341] Hava A M, Ayhan U, Aban V V. A DC bus capacitor design method for various inverter applications [C]. 2012 IEEE Energy Conversion Congress and Exposition (ECCE): IEEE, 2012: 4592-4599.

[342] Liu S, Shen Z, Wang H. Safe operating area of dc-link film capacitors [J]. IEEE Transactions on Power Electronics, 2021, 36: 11014-11018.

[343] Ennis J, Rauch J, Yang X, et al. Comparison of film capacitor designs for a high power density application [C]. 2010 IEEE International Power Modulator and High Voltage Conference: IEEE, 2010: 225-228.

[344] Film capacitor-Wikipedia. [2025-02-24]. https://en.wikipedia.org/wiki/Film_capacitor#Example_manufacturing_process.

[345] Lowe S. Development, testing and performance of HV power capacitors [J]. Power Engineering Journal, 1988, 2: 215-222.

[346] Jow T, MacDougall F, Ennis J, et al. Pulsed power capacitor development and outlook [C]. 2015 IEEE Pulsed Power Conference (PPC): IEEE, 2015: 1-7.

[347] Sarjeant W, Clelland I W, Price R A. Capacitive components for power electronics [J]. Proceedings of the IEEE, 2001, 89: 846-855.

[348] Kerrigan R, Ennis J. Pushing dielectrics to the limit—Self-healing metalized film capacitors for high energy density [C]. 2017 IEEE 21st International Conference on Pulsed Power (PPC): IEEE, 2017: 1-4.

[349] Valentine N, Azarian M H, Pecht M. Metallized film capacitors used for EMI filtering: A reliability review [J]. Microelectron Reliab., 2019, 92: 123-135.

[350] Lv C, Liu J, Zhang Y, et al. A method to characterize the shrinking of safe operation area of metallized film capacitor considering electrothermal coupling and aging in power electronics applications [J]. IEEE Transactions on Industrial Electronics, 2022, 70: 1993-2002.

[351] Gupta A, Yadav O P, DeVoto D, et al. A review of degradation behavior and modeling of capacitors [C]. International Electronic Packaging Technical Conference and Exhibition: American Society of Mechanical Engineers, 2018: V001T04A4.

[352] Soliman H, Wang H, Blaabjerg F. A review of the condition monitoring of capacitors in power electronic converters [J]. IEEE Transactions on Industry Applications, 2016, 52: 4976-4989.

[353] Li H, Li Z, Lin F, et al. Capacitance loss mechanism and prediction based on electrochemical corrosion in metallized film capacitors [J]. IEEE Transactions on Dielectrics Electrical Insulation, 2021, 28: 654-662.

[354] Li H, Chen Y, Lin F, et al. The capacitance loss mechanism of metallized film capacitor under pulsed discharge condition [J]. IEEE Transactions on Dielectrics Electrical Insulation, 2011, 18: 2089-2094.

[355] Chen Y, Li H, Lin F, et al. Effect of interlayer air on performance of dry-type metalized film capacitor in DC, AC and pulsed applications [J]. IEEE Transactions on Dielectrics Electrical Insulation, 2011, 18: 1301-1306.

[356] Qin S, Boggs S A. Limits to the performance and design of high voltage metalized film capacitors [J]. IEEE Transactions on Dielectrics Electrical Insulation, 2010, 17: 1298-1306.

[357] Wang H, Blaabjerg F. Reliability of capacitors for DC-link applications in power electronic converters—An overview [J]. IEEE Transactions on industry Applications, 2014, 50: 3569-3578.

[358] Gallay R. Metallized film capacitor lifetime evaluation and failure mode analysis [J]. arXiv preprint arXiv: 01540. 2016.

[359] Li H, Huang X, Li Z W, et al. Modeling of ESR in metallized film capacitors and its implication on pulse handling capability [J]. Microelectron Reliab. , 2015, 55: 1046-1053.

[360] Flicker J, Kaplar R, Marinella M, et al. Lifetime testing of metallized thin film capacitors for inverter applications [C]. 2013 IEEE 39th Photovoltaic Specialists Conference (PVSC): IEEE, 2013: 3340-3342.

[361] Soliman H, Wang H, Gadalla B, et al. Condition monitoring for DC-link capacitors based on artificial neural network algorithm [C]. 2015 IEEE 5th International Conference on Power Engineering, Energy and Electrical Drives (POWERENG): IEEE, 2015: 587-591.

[362] Kamel T, Biletskiy Y, Chang L. Capacitor aging detection for the DC filters in the power electronic converters using ANFIS algorithm [C]. 2015 IEEE 28th Canadian Conference on Electrical and Computer Engineering (CCECE): IEEE, 2015: 663-668.

[363] Makdessi M, Sari A, Venet P. Metallized polymer film capacitors ageing law based on capacitance degradation. Microelectron Reliab. , 2014, 54: 1823-1827.

[364] Wang H, Reigosa P D, Blaabjerg F. A humidity-dependent lifetime derating factor for DC film capacitors [C]. 2015 IEEE Energy Conversion Congress and Exposition (ECCE): IEEE, 2015: 3064-3068.

[365] Li Z W, Li H, Lin F C, et al. Lifetime prediction of metallized film capacitors based on capacitance loss [J]. IEEE Transactions on Plasma Science, 2013, 41: 1313-1318.